石油金融化：內涵、趨勢與影響研究

溫馨 著

崧燁文化

摘　要

　　從發展的眼光來看，近代世界經濟的波動史就是石油資源與金融利益爭奪的演進史。在經濟金融化、金融全球化的發展背景下，石油與金融資源呈現出越來越多面性融合的特點，石油金融化現象逐漸成為影響世界經濟乃至國際關係的重要因素。

　　筆者圍繞著現象及趨勢—推動因素及本質—影響效應及對策的邏輯思路對石油金融化這一新興熱點論題進行系統闡述。首先，本著作結合學術界的不同觀點，提出了政治經濟視角的石油金融化內涵，並從三個層面（石油商品金融化、石油公司經營模式金融化、石油市場組織關係金融化）界定了石油金融化發展趨勢及其表現特徵。從簡單的「貨幣」屬性到與金融市場融為一體，石油金融化的內涵不斷豐富，運行形態也日趨複雜。石油金融化現象折射出國際石油經濟關係的金融化，顯示出石油資源的爭奪方式已經從軍事手段轉向了金融手段。如跨國石油資本在金融領域的併購提高了石油壟斷資本集中度，石油產業資本向金融領域的滲透，大量參與金融交易模糊了石油實際的供求關係，石油定價及其波動呈現出越來越多的資金推動跡象，石油金融組織大量介入石油市場等。

　　石油金融化的外在表現特徵是內在屬性與外部石油、金融市場環境變遷相互契合、相互推動的結果。本著作將其歸納為石油、金融、政治三個領域方面的因素。第一，石油市場的變

動導致石油稀缺性預期增大，這既有石油作為不可再生資源的生產能力約束方面的原因，也有石油供求市場的結構性變動方面的原因。因此，石油資源的獲取成本上升，風險加大。第二，20年來國際金融環境發生了巨大的變化。金融創新與金融自由化促使金融功能不斷發展，金融資源與石油資源的多層次結合成為現實。經濟金融化改變了資本累積方式，石油公司在考慮股東回報與同業競爭的壓力下，經營目標短期化成為產業資本虛擬化的重要原因。同時，在當前美元債務驅動的浮動匯率體制下，國際資本流動與投機盛行成為金融市場動盪的關鍵因素，石油定價被大量金融因素左右，處於歷史上價格波動最劇烈的時期。第三，石油金融化現象背後的深層次原因在於全球對石油資源市場控制權的爭奪，在這場爭奪中美國扮演著關鍵性角色。金融霸權與能源霸權往往相生相伴，從「煤炭英鎊」到「石油美元」，霸權國家無不利用本國貨幣與核心資源掛勾策略來鞏固其國際霸權。在金融利益的掩蓋下，國家壟斷資本加大了對原油產地的控制，美國通過軍事、金融、經濟等手段積極介入產油地區和石油市場，試圖建立全球能源金融霸權。

結合石油資源的物質屬性、金融屬性與政治屬性，筆者從貿易領域、金融領域、政治領域論述了石油金融化的國際影響。從貿易領域來看，石油成為準金融產品推動了貿易的多樣化發展；石油金融定價權益分配非中性，西方發達國家占據主導權，「亞洲溢價」造成亞洲石油進口國的巨大損失。從金融領域來看，石油金融化容易引發價格風險跨市場傳遞與國際借貸風險；巨額石油美元環流引發國際財富再分配，並成為影響金融市場的重要力量。從政治領域來看，石油金融化催生出新的政治推手，石油地緣政治格局複雜化，石油成為大國外交的戰略武器。

最後，本著作結合中國實際情況，提出發展中國石油金融戰略的構想。本著作主要從培育中國石油資本市場、石油金融

交易主體、參與國際石油金融體制改革、擴大能源外交與創新石油金融合作方式等方面進行論述。

　　本著作可能的創新點在於：①突破既有研究局限，從石油物質資源屬性切入，從石油商品金融化、石油公司經營模式金融化、市場組織形式金融化等層次對石油金融化內涵做出多方位的詮釋。②分析了石油金融化表現背後蘊藏的世界格局變動態勢。石油稀缺性預期背後的石油市場格局變動、金融發展與不穩定現狀、核心資源更迭與市場控制權爭奪是推動石油金融化發展的重要因素。③從戰略資源觀的理論視角，看待石油與金融領域的融合。筆者認為金融配置性、脆弱性、戰略性特點提升了石油資本的全球聚集效率和規模，引發更多金融資本流向石油產業與石油衍生品市場，但同時也加強了石油市場與金融市場的聯動性，使系統性風險增大。④引入國際關係，分析石油金融化現象中的重要利益分配問題。以美國為核心的新自由主義在全球的擴張以及對石油市場的多重手段干涉是石油金融化重要的影響因素。美國通過石油美元壟斷計價、控制石油市場營運，通過國際能源署（IEA）對全球市場的影響力，對產油地區的軍事、政治等方面施以影響，從而成為石油金融化的大贏家。⑤結合石油金融化的內涵層次和中國面臨的主要挑戰，從資源開發利用的金融支持、石油金融市場主體培育、石油金融定價權爭奪、石油金融資產管理、石油金融合作方式、石油外交與能源合作方面提出了中國發展石油金融的戰略對策。

關鍵詞： 石油金融化 國際石油經濟 能源戰略

Abstract

From a developed point of view, the history of the fluctuations of the modern world economy is a contention history of oil and financial rights. In the context of financial globalization, oil and financial resources are showing more and more multi-faceted appearance of fusion, which become an important force to affect international economy and even international relations

The thesis adopts a logic line of 「external phenomena—promoting mechanism—impact and strategy」to give interpretation of this unique phenomenon. Firstly, I present three aspects to complete the connotation of oil financialization: the financialization of oil commodities, the financial operating pattern in oil company business, and organizational relationships of the oil market. From simple 「quasi-money functions」 to integrated finanacial market , the oil financialization phenomenon became much more complex than ever. Nowadays it means the competitive ways of oil resourse turned from martial ways to invisible financial ways. For example, transnational oil companies expanded through financial ways such as mergers and acquisitions, increasing investment in financial derivatives, which became a major profit growth point, and even weakened the motivation of exploration and exploitation.

The external performance of oil financialization is the result of several factors such as oil intrinsic attributes, oil market and financial market evolution. The thesis sums up oil, financial, political reasons as follows: Firstly, there appears more scarcity expected, which is caused by part of producing capacity restrain, and part of alteration of oil supply and demand structure. Secondly, international finance context changed a lot during past the 20 years. Accompanied with financial innovation and financial liberalization, finance function developed rapidly, which made combination of oil and finance resourse come to reality, and also made capital accumulation mode change a lot. Under the pressure of shareholder and stock performance, transnational oil companies usually selected short-term objectives instead of long-term objectives that make more industrial capital transform to financial capital. Meanwhile, in current dollar-debt-driven floating exchange rate regime, oil price fluctuates dramatically, influenced by many financial factors, for example, international capital flows and speculation. Thirdly, the deep-seated reason of oil financialization is competition for oil market control, in which the United States plays a critical role. Financial hegemony and energy hegemony usually relate with each other from coal pounds to petrodollar. Hegemonic countries all use their own currencies linked to the core resources to consolidate their international hegemony. Under the guise of financial interests, state monopoly capitalism has increased the control of the oil region. The U. S. took martial, financial, and economic means to affect the oil-producing region and the oil market, trying to establish and consolidate the hegemony of global energy and finance.

Combined with the material properties, financial attributes, and political attributes of the oil resources, the thesis discusses the international impact within trade, financial and political sphere. In trade area, petroleum trading ways diversified greatly, but the oil 「Asia premium」 reflects current pricing irrationality. In finance area, oil financialization will easily trigger the cross-market price risk and international lending risk; petrodollar circulation caused international redistribution of wealth and became a destabilizing force in the financial market; oil geopolitics is more complex, and oil becomes the weapons of the national strategy, combined with the financial resources to achieve the expansion goal of the oil rights.

Finally, considering actual situation of China, the thesis proposed the idea of oil financial strategy: Cultivate Chinese oil capital markets; develop oil and financial transaction subjects; participate in the international oil and financial system reform; expand the energy diplomacy and innovate oil and financial cooperation methods.

The thesis may have innovations as follows: ① The thesis has broken through limitations of existing research, and given multifaceted interpretation of oil financialization such as oil commodity financialization, financial operating mode of oil companies, market forms and relationships of organizations. ② The thesis analyzed concealing factors (world structure alteration) behind the external performance of oil financialization. Changes of oil market structure, financial development and unstable situation, the replacement of core resources and the competition of market control are the decisive reasons to promote oil financialization development. ③ The thesis proposed a theoretical perspective of strategic resource to research the combination of oil and finance region. On one hand, configuration, vulnerability, and strategic characteristics of finance improved the efficiency and scale of the global gathering of oil capital, making more financial capital flows into oil industry and oil derivatives market. On the other hand, it promoted interactivity between oil and financial markets, which accumulated systemic risk. ④ The thesis introduced international relations to analyse the distribution of benefits in the oil financialization. As neo-liberalism expanded in the world, the United States intervened oil market by multiple means, such as currency-pricing mechanism monopoly, capital control of oil market, influence of IEA on the global market, kinds of ways to intervene oil-producing regions to accelerate oil financialization development. Combined connotation of oil financialization and the major challenges in China, the thesis promised several suggestions to construct Chinese oil finance system. That contains gaining financial support during development and utilization of oil resource; nurturing oil financial market subjects; constructing oil market and enlarge international power in oil-pricing course; oil and financial assets management; innovating cooperation mode between oil and finance; oil diplomacy and energy cooperation, etc.

The thesis inadequacies line on several aspects. First, due to the limitations of the data source, multinational oil companies investment strategy is not analysed in depth, especially in the commodity markets analysis, but merely a general judgment. Second, due to the limitations of the research methodology, and the lack of knowledge such as behavioral finance, game theory and other disciplines, the analysis of the oil financial phenomenon haven't gone further enough, which is the next plan and requires more effort in the future.

Keywords: Oil Financialization, International Petroleum Economics, Energy Strategy

目　錄

1　導言 / 1

1.1　研究的背景 / 1
1.2　研究意義 / 4
1.2.1　研究的理論意義 / 4
1.2.2　研究的實踐意義 / 5
1.3　國內外研究現狀 / 7
1.3.1　石油金融範疇的界定 / 7
1.3.2　石油期貨市場的波動性 / 9
1.3.3　石油貨幣及其效應 / 13
1.3.4　油價波動的政治因素 / 15
1.3.5　對國內外研究的簡評 / 15
1.4　研究思路與方法 / 16
1.4.1　研究思路 / 16
1.4.2　研究方法 / 18
1.5　可能的創新點 / 19

1.6　存在的不足和繼續研究的方向 / 21

2　相關概念辨析 / 22

2.1　金融的本質與內涵 / 22

2.1.1　西方學者對金融的認識 / 22

2.1.2　基於資源觀的金融理論 / 23

2.2　經濟金融化的歷史演進、內涵與表現特徵 / 25

2.2.1　經濟金融化的歷史演進 / 25

2.2.2　經濟金融化的內涵及表現特徵 / 26

2.3　石油金融化的內涵及層次 / 33

2.3.1　石油金融化內涵的界定 / 33

2.3.2　石油金融化的內在層次與關聯 / 33

3　石油金融化基石：石油多重屬性特徵 / 35

3.1　石油的自然屬性 / 35

3.1.1　自然壟斷與耗竭性 / 35

3.1.2　資金、技術密集性 / 35

3.1.3　高風險、高收益性 / 36

3.1.4　市場信息不透明性 / 37

3.2　石油的商品屬性 / 38

3.2.1　石油的商品屬性概述 / 38

3.2.2　石油商品的供給與需求特點 / 40

3.3　石油的政治屬性 / 42

3.3.1　石油的戰略性質 / 42

3.3.2　石油的地緣政治分佈 / 43

4 石油金融化趨勢之一

——石油商品金融化趨勢 / 45

- **4.1** 石油商品的「金融」屬性 / 45
  - 4.1.1 石油的「價值尺度」職能 / 45
  - 4.1.2 石油作為囤積商品 / 47
  - 4.1.3 石油權益證券化 / 47
- **4.2** 石油商品定價金融化 / 49
  - 4.2.1 石油定價權的演進 / 49
  - 4.2.2 石油價格波動歷史（1945—2002年）/ 51
  - 4.2.3 石油期貨價格波動的金融化特徵（2003年至今）/ 53
  - 4.2.4 石油期貨市場與金融市場的互動 / 68

5 石油金融化趨勢之二

——石油公司產融結合趨勢 / 75

- **5.1** 石油公司融資管道的多元化 / 75
- **5.2** 跨國石油公司併購式擴張 / 76
  - 5.2.1 跨國石油公司的分類 / 76
  - 5.2.2 跨國石油公司併購歷程 / 77
  - 5.2.3 跨國石油公司併購特點 / 80
  - 5.2.4 金融危機後公司股權的交易動態 / 81
- **5.3** 跨國石油公司參與衍生業務交易 / 83

6 石油金融化趨勢之三

——石油市場組織關係金融化趨勢 / 88

6.1 實體交易市場向「虛實結合」交易市場轉變 / 88
　　6.1.1 主要現貨市場佈局 / 88
　　6.1.2 多層次交易市場快速發展 / 90

6.2 石油金融市場組織形式多元化發展 / 92
　　6.2.1 石油基金規模及影響力擴大 / 92
　　6.2.2 石油金融市場交易模式靈活多樣 / 94

6.3 國內石油戰略向國際石油金融戰略轉變 / 94
　　6.3.1 OPEC 與 IEA 的博弈 / 95
　　6.3.2 國家外匯儲備與石油資產的結合 / 97

7 石油金融化推動因素分析 / 102

7.1 石油資源稀缺性預期 / 102
　　7.1.1 石油「峰值」情緒增加 / 102
　　7.1.2 投資重建產能成本上升 / 107
　　7.1.3 石油市場結構性變動 / 110
　　7.1.4 政治不穩定因素增多 / 119

7.2 金融發展與金融不穩定性 / 120
　　7.2.1 金融功能發展與石油資本集聚 / 120
　　7.2.2 美元債務驅動的浮動匯率體制 / 127
　　7.2.3 次貸危機背景下國際資本流動與投機 / 133

7.3 核心資源更迭與市場控制權爭奪 / 139

        7.3.1　資源計價貨幣爭奪 / 139

        7.3.2　石油市場金融控制權爭奪 / 145

        7.3.3　石油市場的軍事控制權爭奪 / 152

8　**石油金融化的國際影響分析** / 155

    8.1　石油金融化對國際貿易的影響 / 155

        8.1.1　石油貿易方式的多元化 / 155

        8.1.2　計價體系與「亞洲溢價」/ 156

        8.1.3　中國外匯支出成本增大 / 158

    8.2　石油金融化對國際金融的影響 / 161

        8.2.1　微觀負面效應 / 161

        8.2.2　微觀正面效應 / 165

        8.2.3　宏觀層面：石油美元環流的金融效應 / 168

    8.3　石油金融化對國際政治的影響 / 179

        8.3.1　美國霸權的多重影響 / 179

        8.3.2　石油地緣格局複雜化 / 183

        8.3.3　加大全球罷工、遊行等政治風險 / 186

9　**石油金融化下中國的策略選擇** / 187

    9.1　中國完善石油金融體系的策略構想 / 188

        9.1.1　融入國際石油金融市場格局 / 188

        9.1.2　防範石油金融化泡沫及其風險 / 189

    9.2　石油資源開發利用的金融支持 / 190

        9.2.1　資本市場與石油產業的對接 / 190

        9.2.2　金融層面的政策性保障 / 191

9.2.3 金融機構能源創新服務 / 192

9.3 石油金融市場主體的培育 / 193
9.3.1 國際性石油公司培育 / 194
9.3.2 石油金融組織的建立 / 196

9.4 國際石油定價話語權的爭奪 / 199
9.4.1 多元化競爭主體的引入 / 199
9.4.2 石油期貨市場建設及制度完善 / 201
9.4.3 人民幣國際化與石油人民幣的結合 / 203

9.5 金融與石油資產的宏觀管理 / 204
9.5.1 外匯儲備結構調整的需求 / 204
9.5.2 國際石油儲備形式 / 206
9.5.3 加快多層次的石油儲備建設 / 208

9.6 國際石油金融合作方式的創新與發展 / 210
9.6.1 石油易貨貿易 / 210
9.6.2 貸款換石油 / 210
9.6.3 股權換油源 / 211

9.7 石油外交與能源合作的大力推進 / 212
9.7.1 與石油生產國的能源合作 / 212
9.7.2 與石油消費國的能源合作 / 213
9.7.3 加強與國際能源機構的溝通交流 / 214

參考文獻 / 216

1 導言

1.1 研究的背景

「現代戰爭史，在一定意義上就是石油資源爭奪史。石油作為戰略資源，與國家實力和全球政治、軍事、外交緊密交織在一起。事實證明，誰控制了石油資源，誰就掌握了世界的權柄。」

——美國作家丹尼爾耶金《石油風雲》

「誰控制了石油，就控制了所有國家，誰控制了糧食，就控制了所有人類，誰控制了貨幣（金融），就控制了整個世界。」

——美國前國務卿基辛格

石油與金融歷來都是關乎世界政治經濟關係走勢的重大戰略領域，各國對石油與金融資源權益的爭奪從未停止。本著作主要基於以下幾點考慮：

第一，作為當今世界兩大戰略領域，越來越脆弱的市場形態使得石油、金融當中任何一方的重大變動都將對世界經濟、政治關係產生深遠影響。從歷史的角度來看，世界經濟經歷的多次重大轉折都與石油、金融相關。20世紀70年代由於政治危機引發的兩次石油危機造成了油價暴漲，世界經濟隨之陷入衰

退。20世紀90年代第三次石油危機爆發，拖累世界國內生產總值（GDP）增長率在1991年下降到2%以下。20世紀30年代的資本主義經濟危機，20世紀80年代的債務危機，1997年的亞洲金融危機，2008年的次貸危機發生，成為引發世界經濟波動的主導性事件。當今世界的發展越來越離不開石油與金融，但是石油與金融市場却越來越脆弱，極易引發全球性危機。

第二，低碳背景下的石油安全依然是各國制定國家戰略的重要目標。在過去一個多世紀裡，全球核心資源由煤炭轉向石油這種高質動力燃料，世界經濟發展速度大大提高。進入21世紀后，高排放、高污染的生產方式成為人類社會可持續發展的重大挑戰，世界各國均在努力尋找既環境友好，又能滿足國民經濟穩定運行要求的替代能源。然而，在技術、市場、資源特性適應力等因素面前，核心能源的轉化是一個漫長的歷史進程。馬爾凱蒂分析，人類社會從木—煤炭—石油轉化的進程中，社會所接受的替代能源在整個能源市場的份額從1%上升到50%，大概需要經歷100年的時間。即使社會接受速度很快，石油份額下降到一半比率也需要數十年。況且，目前還沒有發現在相同的性能、價格、數量上可完全替代石油的能源，石油在經濟增長中依然占據重要的地位。石油安全問題並沒有得到解決，反而更加嚴峻。各國均積極開展石油外交，用各種手段和渠道獲取石油資源，以保障本國消費需求。

第三，經濟金融化、金融全球化改變了經濟格局。近20年是金融市場高速發展的時期，金融的功能不斷擴充，金融市場的容量也越來越大。隨著證券、保險、信託等金融機構和金融業務的盛行和各種生產要素的全球化流動，金融工具、金融交易、金融機構的數量以及在經濟中的比重不斷提高，經濟增長模式隨之改變，實物經濟逐漸朝著金融經濟方向發展。資本主

義價值增值系統中金融壟斷資本累積占統治地位，金融資本的運行已經成為社會資本運動的主導形式。全球經濟格局已經發生了變化，在巨大的利潤驅使下，資本嗅覺更加靈敏，無止境地進行高收益的市場交易行為。但是，高收益往往伴隨著高風險，經濟金融化增大了金融不穩定性與脆弱性。本次次貸危機的爆發與金融市場泡沫密切相關，也再次凸顯出經濟虛擬化發展中的巨大金融風險。資本主義一般經濟危機轉變為金融危機的趨勢進一步顯現。

第四，經濟金融化下石油資源爭奪方式發生轉變。經濟金融化從各個方面影響著我們賴以生存的社會經濟環境，也影響著國家的石油安全戰略。隨著「冷戰」時期的結束，全球經濟進入了以「穩定和發展」為主題的新的歷史階段，各國之間的聯繫更加緊密，直接的軍事對抗發生概率大大減小，隨之取代的是公平經濟關係掩蓋下的利益爭奪。石油作為一種全球性稀缺資源，是所有國家穩定國內經濟、政治局勢的重要武器，從一定意義上而言，世界史就是圍繞著資源和霸權的血淚戰爭史。在經濟金融化的背景下，金融資源向石油滲透，石油資源的爭奪也披上了「仁慈」的外衣，石油資源的爭奪不再以動刀動槍的實物掠奪為主，更多的是通過掌握國際資本流向的控制權和市場控制權，在看不見的戰場上進行金融絞殺。

第五，中國經濟已進入中高速增長的新常態，但持續推進的城鎮化將拉動石油消費不斷增長。中國 2015 年石油消費 5.43 億噸，對外依存度首次突破 60%，石油安全戰略意義重大（見表 1-1）。

表 1-1　國內外機構對中國石油對外依存度預測結果比較

預測機構	2010 年	2020 年
中國能源研究所	46%～52%	55%～62%
國際能源機構	60%	76%
美國能源信息署	49.7%	65.5%
歐佩克（OPEC）	45%	52%

資料來源：吳磊. 中國石油安全［M］. 北京：中國社會科學出版社，2003.

1.2　研究意義

1.2.1　研究的理論意義

石油金融化是當前世界經濟、能源領域中重大現實與理論課題，在複雜的外部環境中，它的表現形式越來越豐富。作為兩大戰略領域，石油與金融往往成為獨立的研究對象，近年來兩者相互融合、相互影響的趨勢越來越明顯。然而，理論研究與現實的脫節，讓石油金融化問題一直得不到充分的重視。本著作對石油金融化的研究，不僅可以豐富石油經濟理論，還可以開闢分析石油金融問題的新視角。

第一，本著作從石油基本物質屬性和金融功能的結合切入，有助於科學、全面地認識石油金融化現象。石油被稱為「黑色的金子」，自誕生之日起就被賦予了如黃金般的重要地位。石油又是一種重要的生產要素，跨國流動和貿易非常普遍，絕不是一種普通的礦產資源。石油天然物質屬性非常特殊，只有對石油基本屬性進行深刻的剖析，才能更深刻地理解石油成為高度金融化資源的可能性和必然性。

石油問題不僅是經濟學問題，也是政治性問題，國際政治經濟學是解釋石油的最好方法。對於石油這種帶有政治屬性，同時也是一國重大戰略物資的商品，石油金融化不僅僅表現為國際石油期貨價格的波動，其豐富的內涵與外在表現隱藏著背後更深層次的經濟與政治背景，將石油金融化過程納入全球金融環境變動以及能源格局變動的歷史考察中可以更好地掌握石油金融化發展的規律。

第二，引出許多新的研究課題。作為重大戰略物資，石油的資源稀缺性，使其成為金融資本運作的重要選擇對象。同時我們也不得不擔憂，除了石油，必然有另外的大宗物資在這股金融化潮流中躍上金融市場的舞臺，同時引發新的問題和矛盾。進入21世紀，由於石油價格的不斷上漲，生物能源在全球發展很快。許多糧食大國紛紛用糧食提煉生物能源，其中乙醇最受關注。2007年，伴隨石油價格上漲，農產品價格也是漲勢不斷。糧食已經成為金融資本瞄準的目標，近年來其在金融市場上的表現也越來越不穩定。作為國民經濟中扮演重要「給養」角色的糧食產品，與國家安全的關聯異常密切。對於石油金融化問題的研究，也引出關於其他大宗物資資源被金融資源所滲透，成為金融霸權方爭奪利益的對象的相關思考。石油金融化與糧食金融化，以及其他商品金融化問題，背後都牽動著世界各國國家安全的戰略思考。因此本著作在政治經濟背景作出的商品金融化理論性探索可以為今後的大宗商品金融化研究提供一定的經驗借鑑，從而引出更多相關課題的研究。

1.2.2 研究的實踐意義

全球已經進入資源爭霸的時代，誰獲得石油資源開發利用的主動權，誰就獲得未來可持續發展的重大保障。在20世紀70年代石油禁運期間，世界經歷了石油供給的突然中斷導致的石

油危機和經濟衰退，這讓各國加強了能源安全防護意識，紛紛建立國家石油安全應對機制。進入經濟全球化時代，國與國的聯繫更加緊密，和平發展成為時代的主旋律，國家之間的爭端與對抗需要承擔更高的成本和代價，各國在爭奪石油資源的同時，不得不將其行動的后果納入決策之中。另外，石油資源富集地的地緣政治不穩定性從未消失，金融動盪性也在近年來引發各界關注，石油與金融的市場脆弱性進一步顯現。

在經濟金融化與石油資源日益耗竭的背景下，世界已經步入了一個新的階段，需要以更加豐富的手段和渠道解決金融與石油領域所面臨的問題。未來發生類似於20世紀70年代強烈衝擊的石油危機的可能性大大降低，新時期的石油安全已經不再僅僅需要關注供給——運輸安全，更多地，還應對石油的貿易——價格安全提高警惕。

對中國而言，石油金融化的研究有助於開闢新視角的石油安全戰略體系。中國經過多年來的快速發展，在經濟、政治上都累積了一定的實力，國際地位與影響力不斷提高。但是，目前中國能源金融市場還非常薄弱，而歐美國家，特別是美國、英國，掌握著石油定價權，控制著世界上幾乎所有國際能源金融機構、能源金融交易、能源金融市場。由於缺乏「能源話語權」，中國在國際石油市場上常常受制於人，也付出了沉重的代價。我們必須認識到，石油金融化現象是伴隨著經濟、金融與石油產業的發展而發展的，反過來又將滲透國民經濟，並對其產生重要影響。一國是否能正確認識並融入這股潮流，意味著能否順應時勢，調整本國能源安全戰略，進一步維持經濟與能源的良好互動關係。也就是說，清楚地認識石油金融化發展的規律，有助於從更全面的角度去規避中國面臨的各種系統風險，從而構建中國的石油安全體系。在「一帶一路」背景下，中國將通過區域性合作來推動能源金融市場發展，石油金融化的研

究將對中國能源衍生品市場發展及風險規避提供一定的經驗借鑑。

1.3 國內外研究現狀

1.3.1 石油金融範疇的界定

目前石油金融的概念還沒有形成一個明確統一的界定，大部分是基於石油產業和金融業的相互融合，以及金融對石油產業的支持來理解石油金融。美國得克薩斯大學石油金融教育與科研中心（CEFER）在其培養目標中指出：「石油和資本市場正面臨巨大的變革，需要培養管理者理解、量化、監督和管理石油價格變動、匯率變動、利率變動帶來的財務風險的能力。」國內學者余升翔、馬超群等對「石油金融」概念進行界定，認為按照系統學的觀點，石油金融是傳統金融體系與石油系統相互滲透與融合形成的新的金融系統，可以分為石油虛擬金融和石油實體金融兩個層面。前者是指石油市場主體在石油商品期貨、期權市場、國際貨幣市場以及與石油相關的資本市場進行石油實務、期貨、期權、債券、匯率、利率、股票以及相關衍生品等金融資產的套期保值、組合投資或投機交易。后者是指石油產權主體、效率市場和傳統金融市場通過有機聯絡，利用金融市場的融資、監督、價格、退出機制，培育、發展和壯大石油產業。[①] 中國著名國際能源專家、《能源改變命運》作家陳新華博士認為：「油價不光是供需平衡的反應點，也不再是反應石油生產邊際成本的一個經濟學概念，而是包含這一切而又無法準

[①] 余升翔，馬超群，等. 能源金融的發展以及對中國的啟示 [J]. 國際石油經濟，2007，8.

確衡量和預測的經濟金融學概念。」馬登科、張昕認為美元因素、道瓊斯指數、石油庫存變化、投機因素、各種突發事件和短期干擾因素等共同影響著石油金融化的外在表現。① 王於棟認為石油金融理論可以劃分為三個層次：一是消費商石油金融，二是生產商石油金融，三是國家石油金融。②

就目前而言，學術界對石油金融還沒有一個統一的定義，這表明石油金融課題正處在一個不斷發育完善的過程中，表明對石油金融的形成研究仍處在不斷探索和總結之中。總結起來，國內對「石油金融」或者「石油金融體系」的觀點主要集中在以下幾點：第一，參與石油期貨市場交易；第二，石油產業的金融支持體系；第三，以外匯儲備轉換為石油期貨倉單和原油資產；第四，「石油金融」貨幣政策③。蔡鴻志認為石油金融屬性表現在：石油危機與金融危機的互動；投機性交易對石油價格波動的重要影響；石油價格與金融產品互動與聯動；石油金融戰略的一體化。④ 劉拓、劉毅軍認為：所謂石油金融，是石油市場與金融市場的統一，即包括石油貨幣、石油銀行、石油公司、石油風險基金、石油期貨、石油衍生工具市場等。⑤

在中國建立石油金融戰略體系構想方面，陳柳欽認為，在石油金融相互融合的背景下，中國應從構建石油市場交易體系，營造石油銀行系統，形成石油基金組合，靈活運用石油外匯等

---

① 馬登科，張昕. 國際石油價格動盪之謎：理論與實證 [M]. 北京：經濟科學出版社，2010.

② 王於棟. 基於資源配置視角的石油金融研究 [D]. 成都：西南財經大學，2012.

③ 劉瑩，黃運成，羅婷. 石油市場的金融支持體系研究 [J]. 資源科學，2007，1.

④ 蔡鴻志. 國際石油價格波動的原因：金融視角 [D]. 北京：外交學院，2009.

⑤ 劉拓，劉毅軍. 石油金融知識 [M]. 北京：中國石化出版社，2007.

多方面進行部署。① 張茉楠提出從制定能源金融政策、設立國家能源專項基金、建立能源投資儲備銀行、推動石油人民幣進程等多方面建立能源金融一體化體系。②

1.3.2 石油期貨市場的波動性

霍特林（1931）可耗竭資源模型是研究石油價格走勢的開端。該模型尋求石油資源的最優定價辦法就是使不同時期石油開採量的邊際收益上漲速度等於利率。霍特林的可耗竭資源模型對於研究石油價格波動有著開創性的意義。石油期貨市場成為定價中心後，油價影響因素越來越複雜，價格波動越來越難以預測，許多學者開始研究原油期貨市場波動規律。

第一，石油期貨市場有效性研究。石油金融市場包括原油期貨市場，以及其他石油衍生品市場如取暖油、汽油、燃料油期貨、期權市場等，其中以原油期貨市場的研究為主。王喜愛認為，石油由於供求短期缺乏彈性和供求不平衡導致的價格大幅波動的特性，其金融屬性突出地表現在石油期貨市場成為國際石油價格定價中心，交易量遠遠超出現貨供需規模，實體層面的資源配置被虛擬市場價格所左右。③ 原油期貨市場迅速發展，原油期貨交易量大大提高后，大量學者對原油期貨市場的有效性進行了研究。如林輝、邁克爾通過均方差與隨機占優方式對1989—2008年美國西德克薩斯輕質原油（West Texas Intermediate，WTI）期貨與現貨價格進行檢驗，認為期貨市場是有

---

① 陳柳欽. 石油金融：融合態勢與中國的發展戰略 [J]. 當代經濟管理，2011（8）.

② 張茉楠. 能源金融一體化戰略體系迫在眉睫 [J]. 環境經濟，2009（6）.

③ 王喜愛. 從石油金融屬性看中國石油價格與國際接軌 [J]. 經濟經緯，2009（2）.

效並合理的，在期現貨市場之間沒有套利機會。① 甘歡歡、焦建玲運用廣義自迴歸條件異方差模型（GARCH）實證研究了紐約商品交易所（NYMEX）期貨市場2002年1月~2009年9月原油價格的收益和波動的關係、槓桿效應及周日曆效應。結果顯示，期貨市場的收益與風險有顯著的正向關係；原油期貨價格波動存在著槓桿效應，相同幅度的油價下跌比油價上漲對未來收益的波動具有更大的影響。②

　　第二，石油期貨價格與美元匯率的研究。劉興旺認為，當前石油價格的暴漲暴跌不符合經濟學傳統邏輯，導致2009年油價暴跌的重要因素就是美元匯率。③ 劉湘雲、朱春明通過實證檢驗美元匯率與國際石油價格的相關性認為，石油期貨價格的上漲除了有美元指數的影響外，前期石油期貨價格上漲對本期石油期貨價格上漲有正向推動作用。④ 恩道爾檢驗了實際衝擊（如生產率的變化、原油價格變動等）以及名義衝擊（如貨幣政策的變動）對美國實際匯率的影響，認為原油價格變動衝擊是導致美元實際匯率波動的更加重要的變量。⑤ 安曼諾實證分析了美元實際有效匯率與石油價格之間的關係，結果表明，石油價格

---

① HOOI HOOI LEAN, MICHAEL MCALEER. Market effciency of oil spot and futures: A mean – variance and stochastic dominance approach [J]. Energy Economics, 2010 (32).

② 甘歡歡，焦建玲. 石油期貨價格的日曆效應及波動特徵 [J]. 合肥工業大學學報（自然科學版），2010 (12).

③ 劉興旺. 次貸危機中的石油、美元與黃金 [J]. 經濟研究導刊，2009 (4).

④ 劉湘雲，朱春明. 美元貶值和石油價格相關性的實證分析 [J]. 國際金融研究，2008 (11).

⑤ ENDER W LEE. Accounting for real and nominal exchange rate movements in the post-BrettonWoods Period [J]. Journal of International and Finance, 1997, 16.

是決定美元實際匯率水平的主要因素。[1] 王書平分析了原油供求缺口、美元匯率變化率、非商業交易者淨多頭頭寸對原油價格收益率的影響，實證證明三個因素對原油價格收益率有顯著影響。[2] 王書平認為，1999年到2008年十年間，套利和投機共同決定著期貨的形成，其中套利起主要作用，投機作用逐漸變得不明顯。劉凌通過考察名義油價、美元匯率、美國利率三個因素之間的關係認為，美國利率變動對油價的影響是負面持久的，油價上升造成美元匯率短期波動長期升值。[3] 虞偉榮和胡海鷗通過分析原油價格上漲分別對美元和人民幣有效匯率的影響機制，得出結論，認為原油價格大幅上漲會導致美元實際匯率的上升，而人民幣實際匯率同時受到美元實際匯率水平與主要貿易國物價水平相對變動程度的影響。[4] 蒙代爾認為，商品價格受到通貨膨脹、真實經濟發展和美元匯率的影響，美元匯率的變化會明顯導致商品價格的變化，但他同時表示美元匯率和商品價格沒有必然的直接因果聯繫，可能受到同一因素的影響。[5]

第三，石油期貨市場與投機交易的關聯性研究。馬登科分析認為從供求關係來看，全球石油可採儲量足以在40年內滿足日益增長的需求量，國際油價與其他大宗商品的暴漲暴跌不能從傳統經濟學那裡得到合理解釋。他從貨幣信用—虛擬經濟—實體經濟的視角對國際石油價格波動進行研究，認為當前美元

---

[1] AMANO R A, NORDEN S V. Oil prices and the rise and fall of the US real exchange rate [J]. Journal of International Money and Finance, 1998, 17.

[2] 王書平. 石油價格：非市場因素與運動規律 [M]. 北京：中國經濟出版社，2011.

[3] 劉凌. 影響國際油價的金融因素研究 [J]. 商業時代，2009，29.

[4] 虞偉榮，胡海鷗. 石油價格衝擊對美國和中國實際有效匯率的影響 [J]. 國際金融研究，2004，12.

[5] 參考 MUNDELL R. Commodity prices, exchange rates and the international monetary system. FAO-Contional agriculture commodity price problems, 2008。

本位以及浮動匯率制度下的金融體系是造成全球實體經濟與虛擬經濟背離的根源，流動性過剩造成巨額投機交易使得虛擬石油衍生品交易與實體石油真實需求量發生了背離，結果就是國際油價的暴漲暴跌。① 巴科賽因和盧比研究認為對沖基金的交易模式與商品、資產回報率有高度關聯性。② 唐和熊（2009）認為個別商品價格已經不再簡單地被供給與需求所決定，而是被商品指數基金投資者對金融資產、投資行為的偏好所決定。國際能源署 IEA（2008）發布觀點，如果投機力量在主導石油價格，庫存高漲的不平衡性應該非常明顯。克爾凱利和崔（2010）通過研究認為指數基金資金流入與農業商品價格有著高度相關性，養老金投資基金加速農產量價格的波動從而導致貧窮國家食物的短缺。哈桑和莫頓（2010）認為，價格劇烈波動將導致社會福利損失，風險成本從金融市場轉移到企業中，影響企業的投資活動進而影響經濟產出。大型指數基金根據對全球供給與需求的判斷調整持倉量，而其他的市場參與者則將大型指數基金的操作來作為自己倉位調整的基礎。如果市場是非對稱的，不能完全對沖掉所有商業及收入回報的風險，社會將變得更糟。

肯尼斯·丹利（2011）認為，投資者資本流入對期貨價格影響顯著，中期的指數型基金持倉頭寸與管理型基金套利交易對期貨價格影響巨大。戴爾芬·洛捷和法布里斯·莉娃（2008）將油價波動分為信息基本面決定的理性評估部分和交易過程中的干擾部分。他們通過研究認為，在交易工作日油價波動的很

---

① 馬登科. 國際石油價格波動的原因探析——兼論石油金融化與中國石油金融體系構建 [J]. 金融教學與研究，2010，3.

② 參考 BUYUKSAHIN, ROBE. Speculators, Commodities and Cross Market linkages, http://ssrn.com/abstract=1707103。

大部分由價格失真的干擾因素左右，尤其是近月合約。[①] 在石油價格非理性暴漲暴跌可能性研究方面，郝弘毅認為，「2011—2015 年，國際石油價格會再次震盪走高，最終達到 80～100 美元一桶，期間也可能出現在百元以上運行的情況。」[②]

第四，石油期貨市場與大宗商品市場研究。楊葉通過分析認為，黃金與石油價格波動在大多數時候都呈正向聯動關係，原因是影響黃金和石油價格波動的因素有一部分是相同的，比如美元匯率、通貨膨脹、世界重大經濟政治事件等。但是出於各種原因，如某一獨立影響因素超過了黃金、石油的共同影響因素，兩者的價格走勢也會出現背離的情況。[③] 袁放建、許燕紅等通過對 2002 年至 2010 年的石油與黃金市場數據建立 ARCH 模型並進行格蘭杰檢驗認為，兩市場存在明顯非對稱性，即石油市場利空消息比同等利好消息引起的波動要大，而黃金市場則相反，並且兩市場只存在從黃金到石油的單向波動溢出效應。[④]

1.3.3 石油貨幣及其效應

常軍紅、正連勝認為石油美元規模迅速擴大的內部原因是石油市場供求失衡，外部原因是石油出口國國內吸收不足，制度性原因是石油美元計價機制。[⑤] 石油美元的回流使得美國有足夠的資本流入彌補經常項目的逆差，從而使全球經濟失衡維繫

[①] 參考 DELPHINE LAUTIER, FABRICE RIVA. OPEC Energy Riview. June, 2008。
[②] 郝弘毅. 后危機時代的石油戰略 [M]. 北京：中國時代經濟出版社，2009.
[③] 楊葉. 黃金價格與石油價格的聯動分析 [J]. 黃金，2007，2.
[④] 袁放建，許燕紅. 石油市場與黃金市場收益率波動溢出效應研究 [J]. 上海金融，2011（3）.
[⑤] 常軍紅，正連勝. 石油美元的回流影響及政策建議 [J]. 國際石油經濟，2008（1）.

在「脆弱的均衡」上。石油美元對國際資本流動和國際金融市場產生影響，並給國際衍生品市場帶來巨大的不確定性。進入新興市場的石油美元往往具有遊資性質，增加了新興市場國家的金融體系風險。北京師範大學金融研究中心課題組從石油美元循環的視角來解釋東亞、美國、產油國之間的國際收支失衡現象，認為得益於高油價，石油美元快速膨脹，通過環流機制支撐了美國的發展，東亞美元被迫分流為石油美元，美國是石油美元機制下的大贏家。① 侯明揚認為，石油美元計價機制有內在的脆弱性，容易被石油交易市場上的投機方所利用，加劇短期價格波動，因此他提出建立基於國際貨幣基金組織（IMF）特別取款權的超主權石油交易貨幣計價體系，避免單一貨幣計價體系的內在缺陷。② 麥克考恩分析了石油美元與全球經濟失衡之間的關係，認為油價對全球經濟失衡的影響關鍵在於時間週期——供需雙方對價格作出調整的速度以及對價格變化持續時間的判斷。③ 岳漢景從政治學視角分析了美國在中東地區的軍事行動，其實質是在「石油歐元」的威脅下，為了鞏固石油美元計價壟斷權，維護其在中東的石油利益而提供的反恐借口。④ 楊力認為，美國通過石油美元機制實現了除軍事力量以外的全球霸權，伴隨著歐元走強和歐盟與中東國家密切的經濟聯繫，美國需要以民主化改造確保在中東的石油利益。⑤

---

① 北京師範大學金融研究中心課題組. 解讀石油美元：規模、流向及其趨勢［J］. 國際經濟評論, 2007, 3.
② 侯明揚. 石油美元計價機制脆弱性分析——兼論超主權貨幣的國際石油交易計價構想［J］. 價格理論與實踐, 2009, 8.
③ 參考 http://www.ustreas.gov/press/releases/re-ports/petrodollars.pdf。
④ 岳漢景. 大中東計劃背后的石油美元［J］. 西亞非洲, 2008, 7.
⑤ 楊力. 試論石油美元體制對美國在中東利益中的作用［J］. 阿拉伯世界, 2005, 4.

1.3.4 油價波動的政治因素

劉江永認為，2008 年國際油價罕見的大起大落，不是經濟關係和能源供求關係所決定的，造成原油期貨市場大量搶購或拋售的重要原因是中東地緣政治的緊張或緩和，以及由此引發的市場心理和投機行為的虛擬供求關係的變化。① 景學成、譚雅玲認為石油價格的漲跌與國際金融因素、國際政治格局調整、經濟發展狀態均有一定的聯繫。石油價格與石油金融在內的石油戰略已經逐漸位於國際政治、經濟關係的中心。他們從石油價格與美元匯率深度聯動、石油戰略與地緣政治聯繫緊密、石油需求與經濟增長、石油供給與 OPEC 政策、石油供求與國際投機刺激等方面分析了影響石油價格的多方面因素。② 吳磊、劉學軍認為，「中國威脅論」是站不住腳的，事實上，中國和美國需求都是油價波動基本面的重要因素，而美國在威脅世界能源安全方面扮演著更關鍵的角色。③

1.3.5 對國內外研究的簡評

從國內外對「石油金融化」問題的研究現狀可以看出，研究者對相關問題的探討主要包括幾個主要層面：①對「金融化」的認識，目前金融化問題相關研究主要集中在國家經濟金融化的宏觀層面，尤其集中在虛擬經濟膨脹方面，缺乏對大宗物資的金融化的認識和界定，僅有的文獻對大宗商品的金融化也僅

---

① 劉江永. 國際政治與原油期貨——真相與規律的探究 [J]. 現代國際關係，2009，6.

② 景學成，譚雅玲. 二者皆不可忽視——國際石油價格走勢與金融戰略的關聯 [J]. 國際貿易，2004（5）.

③ WULEI, LIUXUEJUN. China and America, which threatens energy security? [J]. Ognizations of the Petroleum Exporting Countries, 2007.

僅是點到為止，沒有對其金融化的機理和現象原因進行系統的深入分析。②對「石油金融化」的研究多停留在對石油價格波動規律的分析上，研究以微觀層面的實證研究為主，以技術層面的分析見長，很少上升於國家戰略層面，對石油金融化的認識比較局限。石油金融化不僅僅表現在石油價格的波動上，而是一種複雜的多面性的社會經濟現象，需要充分挖掘石油金融的內涵與石油金融化背后蘊含的政治、經濟格局變遷因素，揭示出石油與金融相融合的客觀規律。③近兩年有一些文獻提出了石油金融的概念，以及需要研究的內容，如石油金融政策支持、石油金融投融資機制、石油金融風險預警防範體系等，但沒有針對這些內容進行具體研究，僅是提出了研究構想。

總體而言，在經濟金融化、國際利益分配調整背景下，石油金融化現象將不會停止，而是以更加複雜的面貌呈現出來，石油金融戰略將會成為一國經濟發展的核心問題之一。與此同時，學術界關於石油金融化的理論研究還處於起步階段，既有分析理論性不強，較為零散，也不夠深入，與現實發展的嚴峻性形成鮮明對比。對於這一嶄新的理論領域，筆者試圖將研究時間和視角擴大，從內涵界定和外部體系驅動力等方面對石油金融化問題進行系統分析。

1.4　研究思路與方法

1.4.1　研究思路

本著作圍繞「石油金融化」是什麼—為什麼—怎麼樣—怎麼辦的思考邏輯進行，從內涵、現象、原因等視角構建石油金融化與當今世界金融、市場格局變遷的內在聯繫，並進行系統

考察與論述。

本著作的主要內容構成如下：

第一部分為導言，基於學術研究背景與以往研究不足進行總結和分析，提出本著作的研究方法、研究思路與研究意義。

第二部分對金融、金融化等相關重要概念進行辨析，並結合經濟金融化的內涵闡述本著作的邏輯體系。

第三部分論述石油金融化的基石，即石油基本物質屬性特徵。石油作為一種重大戰略資源，具備特殊的自然屬性、商品屬性、政治屬性，而這些屬性成了其日后金融化發展的基礎。

第四部分論述石油金融化的第一層次——石油商品金融化。本部分從石油商品「貨幣」屬性、商品定價金融化到商品波動金融化來闡述石油如何從普通商品一躍成為被投資者青睞的金融商品。

第五部分論述石油金融化的第二層次——石油產業資本與金融市場的對接。本部分論述了石油產業資本的融資渠道的擴寬，國際石油市場中的重要參與者——跨國石油公司通過資本運作提高綜合競爭力，同時擴大其金融衍生業務，成為石油金融市場重要的影響力量。

第六部分論述石油金融化的第三層次——石油市場組織關係金融化。本章主要從石油「虛實」融合交易體系、石油戰略與國家金融戰略的結合、石油金融市場交易主體及交易方式的多元化三個方面揭示國際石油經濟關係的金融化現象。

第七部分論述石油金融化的驅動因素，主要從石油稀缺性預期、金融發展與不穩定性、核心資源和市場控制權爭奪的「石油—金融—政治」視角來審視當今的石油金融化現象。

第八部分論述石油金融化的國際影響，分別從貿易、金融、政治三個層面來闡述石油金融化對當今世界政治經濟格局的影響。

第九部分論述中國的石油金融發展戰略。依據前文所分析的石油金融化幾個層次賴以生存的石油金融共生環境，從石油資本市場、石油定價權、石油金融市場主體培育、石油金融外交等方面闡述完善中國石油金融戰略體系的途徑。

本著作邏輯結構見圖1-1。

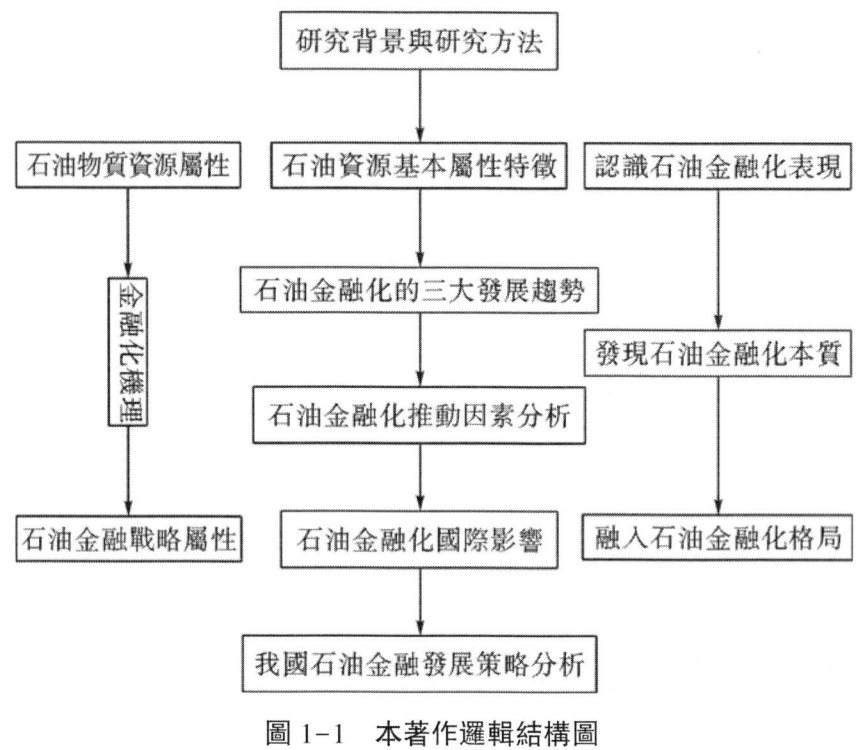

圖1-1　本著作邏輯結構圖

1.4.2　研究方法

本著作以馬克思主義理論為指導，結合金融學、能源經濟學等理論，對石油金融化的表現方式進行歸納總結和細分。總體而言，筆者主要採用了以下幾種研究方法：

第一，本著作採取了歷史考察與邏輯推理相結合的方法。

石油金融化是一個動態的過程。本著作研究的是自20世紀80年代金融全球化迅速發展以來石油金融化發展的歷史與現狀，

因此需要對這一時期內國際石油市場、國際金融市場、世界經濟發展動態進行全面的梳理和總結，以對存在的問題進行有依據的分析與推理。本著作通過對歷史狀況的考察、現實條件的分析，運用邏輯推理的方法研究分析造成石油金融化的當代表現及其根本原因。

第二，本著作採取了規範分析與實證分析相結合的方法。

石油金融目前還屬於嶄新的理論領域，筆者從石油金融涉及的相關金融、石油理論性問題入手，再採用數據、圖表、案例分析相結合的方式，分析國際石油金融化的當代表現形式、特徵與運行規律。

第三，本著作採取了比較分析和綜合分析相結合的方法。石油金融化背后涉及石油市場，金融格局、政治格局的歷史演變，涉及不同的利益方，因此需要對石油金融化對各國金融以及能源領域利益的損害等情況在不同的國家之間進行系統的比較和分析。

1.5 可能的創新點

作為一門剛剛起步的理論性研究，石油金融化涉及宏觀經濟、金融、石油市場、國際關係等多方面的知識，研究具有一定的難度。在已有學者對石油金融各種相關性研究的基礎上，筆者結合金融學、能源政治學理論，試圖對石油金融化現象做出探索性解讀，在研究內容、方法和觀點上有所創新。

(1) 對石油金融化內涵做出理論性闡述。現有關於對石油金融化問題的研究主要涉及微觀金融市場層面，筆者突破既有研究局限，從石油物質屬性出發，對石油金融化的內涵從石油商品金融化、石油公司經營模式金融化、市場組織形式金融化

等層次做了多方位的詮釋，揭示了石油資源金融化的豐富內涵和表現特徵。

（2）分析了石油金融化表現背后蘊藏的世界格局變動態勢。當前石油金融化現象是石油物質屬性與石油、金融、政治三大領域環境變遷、相互作用的結果。石油稀缺性預期背後的石油市場格局變動、金融發展與不穩定現狀、核心資源更迭與市場控制權爭奪是推動石油金融化發展的重要因素。

（3）從戰略資源觀的理論視角看待石油與金融領域的融合。筆者認為金融配置性、脆弱性、戰略性特點提升了石油資本的全球聚集效率和規模，引發更多金融資本流向石油產業與石油衍生品市場，但同時也加強了石油市場與金融市場的聯動性，使系統性風險增大。

（4）引入國際關係，分析石油金融化現象中的重要利益分配問題。以美國為核心的新自由主義在全球的擴張以及對石油市場的多重手段干涉是石油金融化重要的影響因素。美國通過石油美元壟斷計價，資本控制石油市場營運，國際能源署（IEA）、電子工業協會（EIA）等能源機構對全球市場施以影響，影響產油地區的軍事、政治等方面成為石油金融化的大贏家。

（5）以本著作分析框架為依據，提出中國發展石油金融的對策。筆者結合石油金融中的內涵層次和中國面臨的主要挑戰，從資源開發利用的金融支持、石油金融市場主體培育、石油金融定價權爭奪、石油金融資產管理、石油金融合作方式、石油外交與能源合作方面提出了中國發展石油金融的戰略對策。

1.6　存在的不足和繼續研究的方向

筆者在對「石油金融化發展趨勢」的研究中，由於數據來源的局限性（目前可獲得的公開交易者信息只有來自美國商品期貨交易所的信息，而歐洲和亞洲交易所一般不對外公布交易信息，場外交易更是難以獲得），不能對跨國石油公司、金融機構的資本運作狀況，尤其是在大宗商品市場中的投資策略有深入的分析，而僅僅是一般性判斷。同時，也因為美國商品期貨交易所（CFTC）對客戶類型的劃分依然存在漏洞（美國商品期貨交易所按照交易者的身分而不是交易目的來區分商業性交易者和非商業性交易者，本身就帶有很大的局限性），石油衍生品市場中的非商業投機行為研究難以非常準確和深入。

2 相關概念辨析

2.1 金融的本質與內涵

2.1.1 西方學者對金融的認識

新帕爾雷格夫經濟學大辭典對金融的含義解讀為:「金融以其不同的中心點和方法論而成為經濟學的一個分支,其基本中心點是資本市場的營運、資本資產的供給和定價。其方法論是使用相近的替代物給金融契約和工具定價。當債務首次交易時刻,資本市場和金融學科便產生了。」這種定義代表了西方普遍接受的現代金融的核心概念。在 N. H. 哈坎森所撰寫的《金融市場》詞條中,他指出:「所謂金融市場包括股票、債券、選擇買賣權和保險合同等金融證券市場。不確定性經濟學是支撐這種進展的主要基石和框架,它本身處於初創時期。廣義上,金融經濟學指的是不確定性經濟學帶來的新焦點、新活動和新融合的結果。在這個分支學科中,各種各樣的金融市場模型占據著中心位置。」陳志武認為,金融是一門研究涉及價值或收入的跨時間、跨空間交換配置問題的學問。這種價值交換發生的原

因、過程和結果都是金融學研究的範疇。① 可以看出，西方背景的經濟學學術界是將金融學作為不確定性條件下的微觀經濟學來研究的，這是在金融市場高度發展、經濟主體對金融工具定價、資產組合與分解技術的迫切需求背景下產生的。這種把金融等同於金融市場，等同於微觀金融活動的看法和觀點是正確的，但也是不完整的。金融本質、金融和經濟之間的關係是劃時代的理論課題，至今仍在不斷探索、不斷完善的過程中。

2.1.2 基於資源觀的金融理論

以前的經濟金融理論將金融等同於資本或資金，忽略了與資本或資金緊密相關的其他金融要素，以及包括資本或資金與其他相關金融要素互相作用、相互影響的功能。中國資深金融學者、遼寧大學國際金融研究所所長白欽先教授最先提出「金融是一種資源，是一種稀缺性資源，是一國最基本的戰略性資源」②。他認為，應當重新思考和定位金融的本質，以及金融在經濟運行中的地位和作用。他明確指出，金融已經遠遠超越原本意義上僅僅作為經濟工具的內涵，而越來越成為具有價值的、稀缺的、戰略性的資源，在經濟一體化、經濟日益金融化的今天，必須重新對金融作為資源的本質屬性功能進行全面的揭示。③ 白欽先教授在后續研究中提出的「以金融資源理論為基礎的金融可持續發展理論」代表著中國學者對金融理論的反思和改造的開始。

金融可持續發展理論，以金融資源本質特性為基礎，研究國別和全球金融資源的開發、利用、存儲、流動、供給與需求、

---

① 陳志武. 金融的邏輯 [M]. 北京：國際文化出版公司, 2009.
② 白欽先. 白欽先經濟金融文集 [M]. 北京：中國金融出版社, 1999.
③ 白欽先. 以全新視野審視金融戰略 [N]. 金融日報, 2000-07-18.

消耗與消費的初始條件，成本、收益、風險、后果與影響的一般規律，最終實現國別和全球金融現在與未來較長時間的協調穩定、健康而持續發展的金融理論。相對於傳統地將金融理解為工具的視角，金融可持續發展理論從金融的資源本原屬性角度出發，將大大改變政府、民眾的金融認知和強化國家金融安全意識。

　　在新的形勢下，我們再次對「金融」這一概念進行審視，可以發現金融已經不再局限於資金運動的信用仲介，金融已經不再是單純發展經濟的一種手段或工具，而成了經濟核心，成為一種戰略性資源。金融運行狀態、金融貨幣政策，已經跨越國界，成為國家與國家之間危機傳染、經濟波動傳導的重要渠道。金融雖然從屬於經濟，但是作為特殊產業，金融在自身發展中表現出相當的獨立性和異化現象，金融業和金融活動逐漸脫離生產過程，形成特殊的規律和運作方式。在當前形勢下，金融問題不再單純是一個行業系統的技術性、操作性問題，而成為一種全球性，戰略性問題；金融不再是行業簡單系統，而是涉及國內外、經濟與社會、科學與技術等眾多因素的複雜而巨大的系統。金融作為一種特殊的經濟資源，具有獨特的性質。第一是脆弱性，即金融不穩定性。如明斯基（1982）提出的金融體系脆弱性假說，認為金融行業特點是高負債經營，並利用微觀經濟學中不對稱信息解釋了借貸者之間的道德風險和逆向選擇問題。克魯格曼（1979）、奧布斯菲爾德（1994，1996）、貝拉斯科（1996）等提出了貨幣危機模型，解釋了布雷頓森林體系解體后金融危機爆發的原因。第二是配置性，金融資源可以配置其他不同類別的資源，如人力資源、土地資源、技術資源等。在市場化經濟中，行政力量已經不是最主要的資源配置方式，而金融在資源配置中的地位和作用不斷上升。金融市場通過將資源從低效率的部門轉向高效率的部門，實現社會經濟

資源的合理配置和使用；在金融資產價格變動中，政府、企業、個人所持有的社會財富通過金融市場實現財富再分配；通過各種金融產品交易，風險從風險厭惡者手中轉移到風險偏好者手中，實現風險再分配。第三是戰略性。金融之所以成為戰略性資源，是源於它在各國經濟與社會中的極端重要地位。金融具備調節並反應經濟的功能。金融市場通過其引導資本及配置資源的機制調節宏觀經濟，也成為政府實行貨幣政策以及財政政策的重要載體。在和平與發展為主旋律的經濟時代，軍事力量的影響力在下降，而文化、金融等軟實力影響力在不斷上升，事關一國經濟安全與國家安全。①

2.2　經濟金融化的歷史演進、內涵與表現特徵

2.2.1　經濟金融化的歷史演進

經濟金融化是實物經濟、貨幣經濟向金融經濟發展的歷史演進結果，是經濟虛擬化發展的過程，也是一個金融資產流通對商品流通的異化過程。② 實物經濟包括商品與商品交換、商品借助於商品貨幣進行交換兩個歷史階段，在20世紀30年代，金本位制解體后落下帷幕。在商品貨幣的流通條件下，商品貨幣已經存在被紙幣取代的可能性。此時世界黃金白銀的蘊藏不平衡和產量的減緩已經不能滿足日益擴大的商品交易量，紙幣發行受制於黃金數量的規則亦不能滿足政府調控經濟的需要。紙幣取代商品貨幣從可能性轉變為現實，世界進入貨幣經濟時代。

---

① 白欽先. 以全新視野審視金融戰略 [N]. 經濟日報，2000-07-18.
② 李翀. 論從實物經濟、貨幣經濟到金融經濟的轉型與異化過程 [J]. 學術研究，2002 (6).

在貨幣經濟中，信用貨幣成為交換手段、資金融通手段和調控手段影響經濟的運行。與實物經濟不同，貨幣經濟中的紙幣不再與固定的黃金價值掛勾，而是虛擬化的一種沒有價值的信用貨幣，「貨幣的流通或融通並不完全反應著實物商品的流通或融通」。另外貨幣的流通已經異化為一股獨立的力量，影響著商品價格、流通的狀態。金融經濟是金融資產趨於虛擬化的經濟，金融經濟裡貨幣經濟特徵依然存在，但是債務與權益工具更加趨於虛擬化。與貨幣經濟相比，金融經濟的明顯特徵在於金融資產中衍生工具交易的出現和規模的擴大化。貨幣經濟中貨幣的數量依然受到商品生產和流通的制約，但金融經濟下債務和權益工具派生出的金融衍生品不但不受商品交換和信用貨幣的制約，也不受到債務和權益工具數量的制約，經濟更加虛擬化了。在實物經濟發展到金融經濟的演變進程中，經濟金融化是與社會經濟生產和消費的擴大化、經濟關係的複雜化密切相關的，經濟金融化是商品經濟不斷發展的必然趨勢。在這一進程中，債權債務關係派生的金融資產虛擬化、複雜化，並且具有脫離實物經濟運行的獨立規律，社會經濟中財富累積的方式、人們消費的模式發生了巨大的變化。具體見圖 2-1。

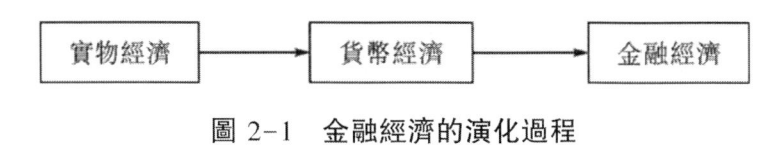

圖 2-1　金融經濟的演化過程

2.2.2　經濟金融化的內涵及表現特徵

金融化，顧名思義，是指某描述主體具備了金融性特徵。目前學術界研究的金融化現象一般是指宏觀經濟運行狀態下的經濟金融化。克里普納（2005）認為，金融化改變了生產經營中的財富累積方式。在利潤獲取過程中，金融渠道在一定程度

上替代了傳統的生產貿易方式。杰拉爾德（2006）將金融化界定為「金融市場、金融動機、金融機構和金融精英在經濟運行和管理機制中的地位和作用不斷提升的過程」，該定義涵蓋了金融化的主要特徵，代表了西方學者對金融化現象認識的普遍觀點。熊彼特（1911）認為，金融化更體現為一種經濟傳導機制，「一國金融部門的發展能夠促使該國人均國民收入增長率的提高」①。

托馬斯帕特里認為金融化是金融市場、金融機構和金融業精英對經濟政策和經濟結果的影響力日益深化的過程，金融化同時在宏觀和微觀兩個層面改變著經濟體系的運行方式。首先，金融化過程將社會虛擬經濟的比重大大提升，收入及利潤由實體部門轉移到金融部門。其次，金融化擴大了收入差距，並使得經濟更加脆弱，容易面臨債務型通貨緊縮及長期蕭條的風險。② 菲利普斯認為，金融化的重要特徵是收入、債務的證券化，並且通過電子信息技術平臺，使資產流動無形化，使股票市場成為商業核心。20世紀末最后的30年間，證券業快速發展，並取代銀行業成為美國最重要的金融部門，在經濟中的地位與19世紀末製造業在美國經濟的地位相似。③ 中國學者任重道認為，所謂金融化，即「經濟活動的重心從產業部門轉向金融部門，集中到金融資產的管理、流動和增值上來，金融資產的增長速度超過甚至遠遠高於實體經濟的發展速度」④。目前學

---

① A JOSEPH, SCHUMPETER. A theory of economic development [M]. Cambridge: Harvard University Press, 1911.
② 參考托馬斯帕特里，《金融化：含義與影響》，http//www.ssm.com。
③ 菲利普斯. 一本書讀懂美國財富史——美國財富崛起之路 [M]. 王吉美，譯. 北京：中信出版社，2010.
④ 任重道. 過度金融化產生的道德風險 [J]. 上海財經大學學報，2009，5.

術界對金融化的理解主要集中在經濟金融化層面，多理解為金融活動、金融機構、金融交易、金融工具、金融利潤在數額以及在國民經濟中的貢獻中的比例不斷上升的一種狀態。結合各學者的觀點，本著作將經濟金融化的內涵做了一次重新梳理，認為經濟金融化涉及社會生產關係的不同層面，以不同的對象作為觀察標的，可以從中觀察出經濟金融化的不同表現形式。

2.2.2.1 商品金融屬性由初級向高級轉化

1. 商品擁有「貨幣」屬性

在商品經濟發展之初，「物」首先被用來衡量別的物品的價值，隨後它才被「貨幣」這個一般等價物代替。貨幣是金融的最初表現形態，擁有價值尺度、流通手段、儲藏手段、支付手段、世界貨幣等基本職能。在物物交換時代，許多商品都充當過一般等價物，如牛、羊、烟草、貝殼、糧食等。這些商品在簡單商品經濟中充當了衡量其他商品價值的手段，擁有「貨幣」屬性。進入金本位時代，黃金成為固定充當一般等價物的商品。馬克思認為，貨幣天然不是金銀，但金銀天然是貨幣。黃金充當一般等價物，降低了交易成本，促進了商品經濟的發展。

2. 商品成為金融投機標的物

當商品不再僅沿著產—供—銷經營鏈條，而變成產—供—屯—銷鏈條流動時，商品不僅是投資品，也變成投機品。所謂「投機」，是指根據對市場的判斷，把握機會，利用市場出現的價差進行買賣，並從中獲得利潤的交易行為。商品的投機，是不以長期持有為目的，而是利用短期內買賣價差變動獲得收益的。投機泡沫就是從膨脹的名義貨幣資本的「肥皂泡沫」中產生的，對此馬克思有獨到的分析——「以貨幣為起點和終點的流通形式，G—G′，最明白地表示出資本主義生產動機就是賺錢……一切資本主義生產方式的國家，都週期性地患上一種狂想

病，企圖不用生產過程作媒介而賺到錢」①。投機只把貨幣用在為賣而買的單一物品上，除此之外沒有其他投入，把盈利押註在所購買物品的價格上漲上。從世界金融史發展來看，「鬱金香泡沫」是商品金融化的典型，也是歷史上有記載的最早的商品投機活動。17世紀，一些品種的鬱金香堪稱歐洲最為昂貴的稀世花卉，一度在鮮花交易市場上引發狂熱追捧。1635年，珍貴品種的鬱金香球莖供不應求，加上投機炒作，致使其價格飛漲20倍。在投機的巔峰時期，其價值甚至與一棟房產相當。但1636年隨著供應增加，鬱金香價格狂瀉90%。1637年1月，荷蘭鬱金香市場秩序混亂，已變成投機者的賭池。荷蘭當局採取了一些極端措施來制止任何形式的投機行為，最終導致泡沫破滅，千萬人傾家蕩產。鬱金香泡沫是歷史上第一次商品金融投機事件，但並不是最后一次。中國經濟步入正軌后，自20世紀90年代開始曾出現過多次商品投機高潮，如君子蘭、郵票、紅木家具、普洱茶、和田玉等。目前藝術品市場拍賣價格不斷飆升，引發了公眾對藝術品泡沫的擔憂。

一般而言，投機商品都具有以下幾種特徵：①稀缺性炒作與信息不透明。金融投機性商品往往伴隨著稀缺性特徵，並在概念炒作下使其價值模糊化且難以衡量。如君子蘭、藝術品等都屬於收藏者的精神需求，精神需求本身就是一個無法用貨幣來衡量的對象。同時這些商品往往都伴隨著大量炒作題材，如普洱茶的保健功效，紅木家具的「稀缺、保存年代久、增值快」等，加上商品市場本身信息不透明，無法用實際貨幣價值來準確界定，這就給投機者帶來輿論導向空間。②自然性狀易於存儲。不論是郵票，還是家具，或者茶葉，這些金融化商品具備可以長期保存、不容易變質的自然屬性。這一特徵保證了商品

---

① 馬克思. 資本論：第二卷[M]. 北京：人民出版社，1975.

性狀的穩定性，利於交易者多次進行投機操作。③都與大量資金推動有關。散戶資金量有限，操作時間、空間分散，無法對市場價格施加影響，但如果介入大盤資金在市場上進行推波助瀾，將大大增大商品金融化泡沫。

3. 商品權益證券化

商品權益證券化，意味著商品向虛擬資本轉化。虛擬資本就其實質來說，「只是代表已累積的對於未來生產的索取權或權利證書」①。商品權益證券化，就是指在商品價值評估基礎上，對商品進行等份化分割，將實物商品未來的收益現金流進行資產打包，轉變為證券化資產。通過將商品權益證券化，交易者不用購買實物資產，通過在金融市場進行買賣票據，可以定期享有商品收益權。如藝術品市場，權利人將已有或在創作的文化藝術品估價後在交易所發售並上市交易，是文化藝術品的證券化。目前中國多個城市已經發展了藝術品產權交易所。現行文化藝術品證券化交易現象常被理解為文化藝術品股票，而電影《大唐玄機圖》的權益共享產品更被稱作電影期貨。具體做法是：電影《大唐玄機圖》被做成一個資產包，資產包的主要內容包括電影未來盈利（主要為票房），及電影版權的預期盈利（包括版權的買賣、衍生品開發等所有可能產生的收益），在對資產包估價後，將其拆分為不同份額並由交易所及交易商進行收益權份額的定向轉讓，從而募集到電影拍攝及製作所需資金。②

2.2.2.2 資本市場成為現代金融運行關鍵

從20世紀90年代起，種種跡象表明，資本市場正在取代商

---

① 馬克思.資本論：第三卷 [M].北京：人民出版社，1975.
② 參考高清會，《文化藝術品證券化的法律評析》，http://financial.yingkelawyer.com/2011/08/18/113.html.

業銀行逐步成為金融市場運行的基礎，金融資產結構中以資本形態存在的比重呈現上升趨勢，從而成為傳統金融過渡到現代金融的重要特徵。金融資本化是經濟貨幣化程度發展到較高層次的體現，表現為金融市場格局中產業直接融資的比重上升，資本市場在產業融資、併購中占據越來越重要的地位。同時，產業資本依託金融工具、金融市場大量參與金融交易，獲得脫離產業資本的金融利潤。什麼是產業資本虛擬化呢？最初探討產業資本虛擬化問題（同產業資本金融化）可以追溯到馬克思主義者。馬克思首先從銀行資本和產業資本結合的角度，來討論產業資本的「金融化」需求：貨幣資本以生息資本的形式與產業資本結合在一起，體現了資金貸出獲得剩餘價值的需求。法拉格認為產業資本金融化是工業擴張的需要，滿足了有限的企業資本為獲取更大利潤借助於銀行系統進行規模擴大化生產的逐利性需求。從微觀層面來看，西方經濟學者認為產業金融化更多地表現在企業以金融工具、金融業務、金融機構等金融渠道替代傳統商品生產貿易方式獲得大量利潤的現象，並且這一比重在不斷上升。[1]

2.2.2.3 社會政治、經濟關係金融化

從經濟學視角看待金融化問題，有學者認為金融化是生產模式的變化，是「日益通過金融途徑而非貿易和商品生產途徑獲取利潤的累積方式」。也有學者認為，金融化是指金融動機、金融市場、金融參與者和金融機構在國內和國際經濟運行中地位不斷提升，銀行型主導金融體系向資本市場主導型金融體系轉化的過程。從經濟學視角來看，金融化現象是權益資本相對於實物資本具有越來越大的獨立性，具有膨脹化趨勢，並取得

---

[1] 徐丹丹，王芮. 產業資本金融化的國內外述評 [J]. 國外理論動態，2011，4.

支配地位的結果。而從政治學視角來看，金融化是食利者階層政治、經濟勢力不斷增強的過程。從國際關係來看，金融化就是各個國家以金融工具進行利益通約和交換的過程。

如果以超越經濟的視野審視金融化，可以發現金融化不僅是金融問題、經濟問題，更是國際關係和政治性問題。金融化並不局限於一國界限之內，而體現的是全球政治、經濟趨勢，金融強國實際上充當著食利者角色，以強勢地位和純熟使用金融工具的手法去支配實物生產國和資源國。當前的經濟金融化是以歐美發達國家為中心的金融市場容量的膨脹為特徵的。從貨幣視角來看，美元衍生品占全球外匯類衍生品日均交易量的88.6%，歐元衍生品占全球利率類衍生品日均交易量的39%。從地區規模來看，歐美地區占全球期貨市場的86%，占期權市場的99%；美國占交易所市場交易量的34.5%，英國占場外市場日均交易量的40.9%。[①]

今天國際社會不再是殖民時代強國對弱國赤裸裸的財富攫取，而是更多地依賴市場的力量和金融工具獲得財富。國家利益日益金融化，核心貨幣國家對其他國家主權具有超出武力的控制力，同時國家尊嚴也被標準普爾、穆迪等公司的評級所左右。在國家利益金融化的經濟關係下，國家力量與地理、民族性格、國民士氣、外交素質、政治素質等因素也會發生變化，因而金融利益是國家利益的核心。從1975年的六國集團（G6）、1976年的七國集團（G7），到1997年的八國集團（G8），再到近年的G8+5會議，世界大國財長和首腦一直首先尋求建立金融，進而逐漸擴展到政治、軍事等多個領域的全球事務協商

---

① 巴曙松，牛播坤，等.2010年全球金融衍生品市場發展報告 [M]. 北京：北京大學出版社，2010.

機制。①

2.3 石油金融化的內涵及層次

2.3.1 石油金融化內涵的界定

從前人研究成果來看，金融化研究視角多從貨幣到貨幣金融實踐，再在這個過程中加入橫縱深度的思考視角，如金融功能、金融資源、金融市場的發展，但是都沒有跳出以「貨幣」為直接觀察對象的範式。本著作直接以石油作為研究對象，觀察「石油」這一特殊礦產資源在世界經濟金融化趨勢中呈現出來的一系列特徵，這些特徵是金融資源與石油資源以各種形式、渠道進行結合的結果。基於此，本著作試圖對石油金融化做以下定義：

作為實物領域與虛擬領域的戰略性資源，石油與金融資源在外部市場環境變遷中相互滲透融合。石油金融化即石油商品、石油產業資本、石油市場組織以金融資源作為載體，與國際經濟、金融以及政治關係互動性發展的一種狀態。

2.3.2 石油金融化的內在層次與關聯

石油在社會經濟中的戰略性地位和特殊的資源屬性，使其成為金融資源的追逐者，成為金融化程度最高的礦產資源。石油金融化是經濟金融化發展到一定階段的產物，並從屬於經濟金融化的特定領域。因此，本著作嘗試將經濟金融化的特徵與石油資源的屬性及市場發展結合起來，將石油金融化趨勢分為

---

① 王湘穗. 幣緣：金融化時代的國際關係 [J]. 現代國際關係, 2008, 3.

三大層次，即石油商品金融化趨勢、石油公司產融結合趨勢、石油市場組織關係金融化趨勢。石油資源從初級金融化形態（「貨幣」職能）躍升為高級金融化形態（期貨、期權等衍生品市場），一方面源於自身特殊的物質資源屬性（見圖2-2），另一方面也是金融資本、市場組織推動的結果。同時，石油商品的金融化也對大型石油公司的經營模式產生了一定的影響，石油產業資本加速融入金融資本，並進一步影響石油市場的組織形式。因此，三者互相依賴，互相聯繫，成為石油金融化的重要組成部分，是左右國際石油經濟未來走勢的關鍵要素。

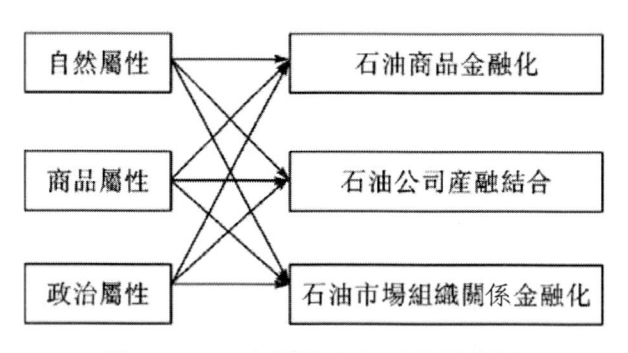

圖2-2　石油屬性與金融化的關聯

3 石油金融化基石：石油多重屬性特徵

3.1 石油的自然屬性

3.1.1 自然壟斷與耗竭性

關於石油的起源論有很多，但至今被廣泛接受的一種理論是有機論，即認為石油是由埋在地下上千萬年，甚至上億年的有機物（原始生物遺體）在一定高的溫度和壓力作用下經過幾百萬年一系列複雜地理化學作用演變而來。自然壟斷是經濟學的一個概念，一般是指由於資源條件的分佈集中而無法競爭或不適宜競爭形成的壟斷。石油資源天然形成自然壟斷格局，資源分佈極不平衡，這也使得石油價格長期處於壟斷價格局面。

3.1.2 資金、技術密集性

石油工業可分為勘探、煉制、銷售三個階段。在勘探階段，石油開採地區往往處於偏僻與自然條件惡劣的地區，勘探風險大，技術含量要求高；在煉制階段，需要規模化經濟產能，需要投入大量資金、設備；在銷售階段，需要配套銷售網路與地

域優勢。這一系列特點決定石油工業的資金、技術密集性特點。

長期來看，科技是決定石油工業發展命運的根本力量。19世紀以來，石油從一種普通的照明原料逐步發展成為20世紀的重要戰略物資。隨著石油勘探開發與生產成本的不斷降低，石油工業得以快速發展。尤其是20世紀70年代至今的30多年裡，世界石油科技的革命性發展，保證了這一時期乃至未來較長時期內世界石油充足供應的穩定。石油獨特的自然屬性也決定了其自然壟斷的天然優勢，也意味著投資門檻較高。由於資金技術要求較高，這決定了現代石油工業的合作開發制度得以確定的必然性。

3.1.3 高風險、高收益性

由於世界石油資源在地下蘊藏情況的複雜性和科學技術發展的限制，石油勘探至今仍是一項投資風險極大的事業，但同時又是一項一旦獲得成功就能獲得極大投資利潤的事業。一方面，石油物探和鑽探成本很高，一口5,000米深的鑽井綜合成本在2,000萬美元以上，這就意味著勘探工作必須有的放矢。在勘探初期，由於基礎地質資料的缺乏，對區塊內的構造形態、斷層的展布、油氣運移和成藏規律認識不清楚，在勘探思路和部署上難免出現偏差，這種偏差往往會導致區塊商業發現中的推遲和勘探成本的增加。另一方面，油氣工程勘探成功率極低。第二次世界大戰結束的1945年前，一般勘探井的成功率僅為1%，但是一旦獲得成功，所獲得的利潤同投資的比率可以高達千倍之多。又如，直到目前即使各西方國家最大的石油公司每年鑽探井的平均成功率仍不到50%，但是當年總的勘探業務仍然是盈利的。因為哪怕是少數地區鑽井成功的獲利，就足以補償在多數地方的鑽探失敗的損失。

這一特點對石油工業100多年的發展產生了重大影響：一

是這一產業從一開始就成了一項帶有強烈冒險性、投機性甚至賭博性和在強烈暴利驅動下所具有的巨大破壞力的行業。二是透支性開採在世界上多次造成「石油枯竭」的恐慌。三是石油公司在暴利驅動下不顧一切地開採和猛烈傾銷，破壞了石油資源，造成了極大的浪費，也使得西方歷史上多次出現油價暴跌、市場供過於求的局面。

3.1.4 市場信息不透明性

石油是一種深埋於地層之下的資源，要對石油資源進行分析首先需要有關生產、消費和庫存儲備的各方面數據，但是石油關乎國家利益，各種人為的和非人為的因素使得各大能源機構發布的數據的可靠性有待考證。一些針對石油儲量居世界前四位的國家沙特阿拉伯、伊朗、伊拉克和科威特的調查讓人懷疑統計數字的可信度。有20多年石油研究經驗的托萊多大學石油地質學家哈特菲爾認為，過去公開發布的石油儲量及增長的數據有很多來自「修正」后的重新估計，可信度值得懷疑。1988—1989年，中東地區6個歐佩克國家突然將其探明石油儲量數據從42%修改到197%，修正后的探明儲量比原來估計的探明儲量增長了2,870億桶，幾乎占1987—1990年全球石油探明儲量增長的總和。曾任英國石油公司、壳牌公司、菲納財團、埃克森和雪佛龍等大石油公司首席地質學家和副總裁、愛爾蘭地質學家坎貝爾認為，石油儲量在短短一年時間增長2,870億桶，本身就很難令人信服，因為這一增長比美國曾經發現的所有石油資源還多出40%。[①]

誇大數據，偏離事實，對於石油出口國而言，有利於爭取

---

① 張志前，涂俊. 國際油價，誰主沉浮 [M]. 北京：中國經濟出版社，2009.

更多的石油出口配額，以及來自國外的資金技術支持；對於石油公司而言，有利於增加其在股票市場的吸引力。沒有透明度就意味著可以用某些理由和借口來進行金融炒作套利，這種信息不對稱性能夠滿足機構和投資人高價套利的願望，為加劇石油價格波動提供了極為便利的條件。不同於糧食、棉花等產品，石油的生產消費不受季節生產、消費和物流因素的限制，可以全天候、全方位地在期貨市場上進行金融套利。並且，石油工業的資金、技術密集性特點決定了參與石油投資門檻很高，石油交易的投資和股票投資不同，需要一定的准入制度，小規模投資機構即使能夠參與其中也因為交易中需要雄厚的資金支撐而望塵莫及，因此更有益於大型機構投資人進行操作。

3.2 石油的商品屬性

3.2.1 石油的商品屬性概述

石油被譽為「黑金」，又被稱為「工業的血液」，在國民經濟中的重要戰略地位不言自明。第一，石油是國民經濟發展中重要的燃料和原材料。1965 年，石油超過煤炭成為世界第一大能源，至今依然領先於天然氣和煤炭在一次性能源結構中的比例。除了作為燃料之外，石油還是現代化學工業的重要原材料。有關統計表明，目前石油化工產品已經有 7 萬種左右，以石油作為化工原料的化工三大合成材料——合成樹脂、合成橡膠和合成纖維，已經成為製造業和人們生活的必需品，其他如化肥、農藥、藥品、染料、溶劑、肥皂、膠卷和炸藥等也多以石油為原料。

從圖 3-1 中可以看出，石油通過不同的產業鏈加工后與人

民衣食住行各個實體部門均建立了密切廣泛的聯繫。隨著科學技術水平的提高，機械現代化滲透到各行各業，傳統行業經營方式已經改變。看似與石油無關的農產品，其實也包含了很多石油價值的成分。如糧食已經從「種子、土壤、水」等要素轉變為如今的「農藥、農膜、運輸、加工」等與石油密不可分的各個環節的聯結。未來數十年，石油仍將是最重要的能源來源和原材料來源，仍然會對全球經濟產生深遠影響。[1]

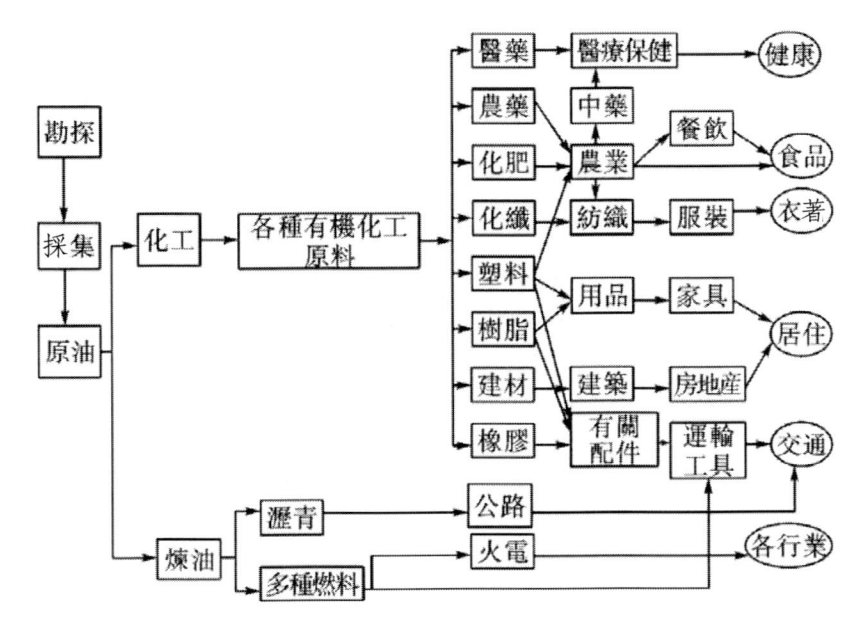

圖 3-1　石油資源與社會實體經濟各部門關聯示意圖

資料來源：柳蔭成. 可持續發展背景下中國石油資源戰略研究 [D]. 南京：南京師範大學，2007.

第二，石油是重要的貿易品和投資品。全球石油資源分佈不平衡，資源富集地與主要消費區域相分離，石油產品絕大部分是通過國際貿易運送到世界各國，石油貿易呈現出全球化發

---

[1] 胡懷國. 石油價格波動及其宏觀經濟影響 [M]. 北京：經濟科學出版社，2010.

展的特點。20世紀80年代以來，石油貿易量迅速增長。1982年國際石油貿易量為日均2,593萬桶，2010年達到5,351萬桶，增長了一倍多。2009年度石油進口涉及11,962.6億美元交易金額，世界商品與勞務總計157,164.7億美元，石油幾乎占到其中的7.6%，無疑是國際貿易中最重要的交易品種之一。[①] 作為一國經濟發展的重要資源，全球石油交易量非常龐大。除了實物貿易之外，越來越多的投資機構將石油作為投資品，並將其加入分散化投資組合，作為類似黃金的保值標的，以規避風險。

3.2.2 石油商品的供給與需求特點

石油生產經營與一般商品相比較特殊。首先，生產設備折舊費和利息費構成石油生產費用的大部分，產量越大，單位成本越低。因此，在石油上游部門，勘探開發前期投資較大，生產經營成本和前期投資相比較低。在現有的生產能力內，生產成本變化與產量幾乎無關，因此，隨著產量的增加，平均利潤下降，而邊際成本幾乎保持不變，並永遠小於平均成本。從這方面來看，石油供需理論與一般商品不同，產量增加導致的價格下跌可以通過生產成本的下降加以彌補，少許生產供應多餘能力都會刺激石油企業的增產衝動。市場競爭導致價格下跌，激起強烈的增產慾望，因為成本結構的特殊性，市場上常常存在一種供過於求的趨勢。

另外，石油勘探開發週期很長，發現一個新的大油田要耗費數年時間。即使是已經發現的油田，也要經過7~10年的時間將探明儲量轉化為生產規模。由於石油生產的這種特殊性質，即使油價提高，短期內也不能依靠開發新油田提高供應能力。一旦石油供應達到臨界產值，再高的油價也無法促使石油供給

---

① 參考英國石油公司能源統計年鑑（2010）。

能力的提高。並且，由於原油的儲藏特點和石油開採剛性，即使油價下跌，已經進行的石油開採工程也不能立即停止。因此從短期來看，石油供給彈性較小。

與一般商品消費（需求）相比，石油消費（需求）也會有所不同：首先，從長期觀點來看，石油價格上漲可能會導致節約能源或使用替代能源等，石油需求量是有彈性的；其次，從短期來看，石油是一種與家庭、社會和經濟息息相關的重要商品，其價格上漲不會立即導致消費量下降（尤其是國防、醫院、糧食運輸、寒帶地區供暖消費），即短期內石油是無彈性的，價格彈性趨近於零。[1] 石油的商品屬性及其供求特點決定了其在期貨市場獲得青睞的必然性。期貨合約取得成功的必要條件有三：第一，標的商品同質；第二，存在對特定商品套期保值的市場需求；第三，存在大幅度且不可預測的價格波動。從石油的自然屬性、商品屬性來看，石油是天然的準金融產品。首先，不同於糧食、棉花等產品，石油的生產消費不受季節生產、消費和物流因素的限制，對於投機者而言，可以全天候、全方位地在期貨市場上進行金融套利。其次，石油性狀易於儲存和標準化分割，有利於期貨合約的設計和交易。再次，石油供求彈性較低，石油供求的矛盾不能立即在石油市場上出清，導致油價更劇烈的波動。最后，石油的商品屬性決定了其在經濟中的重要地位，全球貿易量的擴大催生出更多生產廠商的價格風險規避需求。

---

[1] 胡國松，朱世宏. 現代國際石油經濟論［M］. 成都：四川出版集團・四川科學技術出版社，2009.

3.3 石油的政治屬性

3.3.1 石油的戰略性質

石油從誕生之日起，就與國際關係、國際政治、國際經濟、國家戰略緊密交織在一起，許多作者對此有過精彩的描述。《石油戰爭》的作者、德國經濟學家威廉·恩道爾指出，「對石油定價的控制可能是除海洛因定價之外世界上最秘而不宣的行當。」[1] 保羅·羅伯茨指出，能源是當今世界決定國家力量等級的決定性因素，是政治和經濟力量的流通貨幣，是國家物質進步的一個新籌碼。[2]「過去100年的歷史，是為攫取和控制世界石油儲備而戰鬥的歷史，任何其他因素都不能與此相提並論。」

石油首先是一種基本的軍事戰略物資。其次，石油是經濟的命脈。石油在國家安全中的戰略地位在兩次石油危機的衝擊中得到充分體現。石油危機造成的供給中斷，對國民經濟造成了嚴重的負面影響，各國均把石油可靠、安全、穩定的供應與需求保障提到國家戰略高度。法國的道達爾公司、義大利的埃尼集團等基本上都是在政府的大力扶持甚至直接參與下建立起來的，日本的石油公司則直接是日本政府設立的一個機構。實際上，世界石油工業活動已經同世界各國對內對外的經濟、政治、外交、軍事政策等緊密聯繫在一起，幾乎每次重大事件都

---

[1] 威廉·恩道爾：誰在操縱世界油價走勢？[EB/OL]．[2008-8-21]．http：//big5.xinhuanet.com/gate/big5/news.xin-huanet.com/world/2008-08/21/content_9565850.html．

[2] 保羅·羅伯茨．為后石油時代創造一個市場 [M]．吳文忠，譯．北京：中信出版社，2005．

會導致油價的靈敏反應。石油與政治二者相互關聯，共同推動國家利益的目標實現。

3.3.2　石油的地緣政治分佈

石油資源的地緣政治屬性，主要在於石油資源分佈的相對集中，以及主要消費地區的空間分離。北美、中東、中亞地區是石油資源最豐富的地區，北美、亞太和歐洲是當前及今后十幾年世界石油消費的重要地區。由於石油分佈的不平衡，全球石油的一半多依賴進口，進口石油的一半來自中東歐佩克國家。對於石油資源稀缺的地區，石油資源成為維護國家安全的重要保障。如日本石油消費量居世界第三位，是亞洲地區進口石油最多的國家，但國內基本沒有石油生產，對進口石油依賴程度高達99%。這些石油80%來自中東地區，石油戰略屬性在此表現得尤為突出。

石油資源分佈與消費格局在空間上的不平衡，由於種種原因，必然造成石油消費國與石油生產國或石油資源國之間的矛盾、衝突和摩擦，形成石油消費國「地緣政治」與石油生產國或資源國「地緣政治」之間的對立。如石油生產國或石油資源國為了抵制石油消費國的控制，建立的OPEC，也就是一種地緣政治組織。與歐佩克相對應的是西方發達國家控制的各種國際能源組織，如設在巴黎的國際能源機構、設在倫敦的全球能源研究中心和歐盟委員會（內設能源機構）等。代表石油生產和出口國的歐佩克，代表石油消費和西方進口大國的國際能源機構，都代表著自己的利益，它們之間的矛盾、摩擦，實際上也屬於「石油地緣政治」問題。

由於歷史遺留問題，石油資源豐富的地區或者經濟結構單一、發展落后，或者政治動盪、衝突不斷。中東地區的宗教、民族衝突導致地區市場陷入戰亂，而中亞地區也有歷史、民族、

宗教因素構成的特殊地緣政治背景。20世紀90年代，隨著蘇聯解體和蘇聯各加盟共和國轉變為獨立的民族國家，豐富的油氣資源使得中亞地區成為以美國為首的西方國家與以俄羅斯為首的產油國之間的利益爭奪焦點，地緣政治氣息濃厚。進入21世紀，尤其在「9·11」事件后，國際恐怖主義升級，中東地區局勢更加緊張，使得世界特別是中東地區地緣政治惡化，石油市場顯得更加脆弱。

4 石油金融化趨勢之一
——石油商品金融化趨勢

4.1 石油商品的「金融」屬性

4.1.1 石油的「價值尺度」職能

價值尺度是貨幣職能之一，是指貨幣衡量和表現一切商品價值大小的作用。貨幣之所以能擔當價值尺度角色，是因為貨幣本身也是商品，具有價值，才能衡量其他商品價值的大小。石油是世界大宗貿易商品，本身具有價值，並在準現貨交易中充當價值尺度職能。石油準現貨貿易主要形式有：

（1）石油易貨貿易。易貨貿易是將進口和出口結合起來，將同價值的進口商品和出口商品通過協議結合起來，構成一筆互換交易，其重要特徵是以貨換貨。具體表現為：進口與出口同時成交（即使不能同時成交，成交時間也有約束）；進出口總額基本相等；進出口商品交換的品種可以是一種對一種，也可以是幾種對幾種或一種對幾種，對等交換。由於嚴重缺乏硬通貨，許多國家與其債權國進行易貨貿易。據統計，1984年歐佩克產量中約25%是易貨貿易完成的。其中有廣為人知的沙特阿

拉伯用 3,440 萬桶石油交換波音公司 10 架波音 747 飛機；阿聯酋用石油交換法國的幻影戰鬥機；伊朗用石油與新西蘭交換羊羔；阿爾及利亞用石油購買日本車輛；馬來西亞用石油購買巴西的鐵礦石。實際上一般以貨易貨的油價往往低於官方價格，因此這也是市場疲軟情況下一種更加隱密的價格折扣方法和交易手段。

　　2008 年金融危機期間，個別國家因外匯資金緊缺或私人部門難以獲得貨物進口所需的信貸，政府間的易貨貿易更為常見。在各國艱難應對大宗商品價格高企和信貸匱乏的局面之際，金融、燃料和糧食危機正在重塑全球貿易格局，泰國在 2008 年計劃用大米和伊朗交換石油就是一個很好的例子。泰國是全球第二大大米出口國，控制著全球三分之一的市場，而伊朗是十大大米進口國之一。隨著一些發展中國家（尤其是非洲和亞洲國家）的外匯儲備面臨嚴重縮水，各國政府可能更多地開展石油易貨貿易，以避免經常帳戶赤字的惡化。

　　（2）石油回購貿易。石油回購貿易是指賣方必須將銷售石油所得收入的一部分用來購買進口其石油國家的貨物，比易貨貿易靈活。石油出口國可以從石油進口國提供的多種貨物和服務項目中進行選擇，挑選其願意接受的貨物或服務，作為銷售石油的全部或部分收入。

　　（3）以油抵債。這是一些石油出口國因收入拮據，自願用石油清償部分債務的方式。例如伊朗用石油償還欠法國、義大利、印度以及日本幾家公司的債務。

　　（4）以油換油。以油換油是指用不同的油品或油種進行貿易。印度尼西亞曾與石油貿易公司簽訂以油換油的貿易合同，印度尼西亞以每天 33 萬桶原油換取所需的阿拉伯輕油和油品。

4.1.2 石油作為囤積商品

如前所述，當商品的產—供—銷鏈條變為產—供—屯—銷時，商品已經開始具備投機品的性質。在中國目前的成品油定價機制下，成品油價格按照三地（布倫特、迪拜、辛塔）國際原油價格變動率超過4%再考慮開啓調價窗口，這為市場中間商提供了囤積商品、獲取超額利潤的機會。每當國際油價持續性上漲時，市場上成品油調價預期增強，中間商囤貨惜售已成為普遍的市場操作行為。貿易商囤積油品賭漲價，低價買入油品，期望後期國內成品油價格上調后再以高價賣出。在這一環節中，石油成為炒家的投機對象，從普通商品發展成為具備初級金融屬性的商品。

4.1.3 石油權益證券化

4.1.3.1 石油股票、債券

石油權益證券化，意味著如果想投資石油商品，不再僅僅依靠買賣實物，而是可進入金融市場交易獲得虛擬的「信用承諾」下的權益證券。商品在金融信用的支持下成為金融產品。石油工業進入資本市場上市融資，發行股票，股票成為投資者享受石油收益的權利證明，享受公司分紅。石油股票是金融化的證券商品。石油債券是石油企業直接向社會籌措資金時，向投資者發行，承諾按一定利率支付利息並按約定條件償還本金的債權債務憑證。20世紀70年代的高油價對世界經濟的負面效應讓石油企業開始尋求通過金融工具降低石油市場風險的途徑。1986年標準石油公司發行了一種石油債券，承諾到期日除了償付面值1,000美元之外，還會支付與原油價格相關的額外金額。該金額等於170乘以到期日原油價格上漲超過25美元的部分，但支付額外金額上限為2,550美元。標準石油公司發行的該債

券減少了由於石油價格波動給公司帶來的償債風險，具有債券與期權的雙重屬性，是發債人運用金融衍生品規避原油價格風險的一個嘗試。

4.1.3.2 石油期貨、期權

石油期貨是現在進行買賣，在將來進行交割的協議，一般用來規避未來石油現貨市場價格上漲或下跌的價格風險。石油期權是指在未來一定時期，買方向賣方支付一定金額，以享有未來一段時間內（美式期權）或未來某一特定時期（歐式期權）以約定價格向賣方購買或出售一定數量的特定標的物的權利。石油期權，即以石油或石油產品為標的物的賣方期權或買方期權。以看漲期權為例，如果預計原油價格上漲，投資者買入3個月原油看漲期權合約，價格為f，只有市場價格大於P的時候持有者才可能獲利。即原油價格超過執行價格（P_0）的部分乘以單張合約所含原油數量（單位：桶）大於單張合約期權費（見圖4-1）。

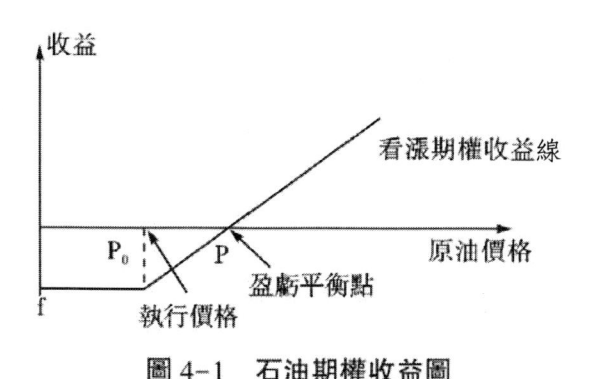

圖4-1 石油期權收益圖

4.2 石油商品定價金融化

4.2.1 石油定價權的演進

4.2.1.1 石油「七姐妹」主導市場階段

從1859年在美國賓夕法尼亞打出第一口井開始,世界石油版圖進入墨西哥灣時代。美國成為石油工業的發源地,美國標準石油公司壟斷了美國95%的煉油能力、90%的輸油能力、25%的原油產量。1911年,美國標準石油公司成為美國反托拉斯的頭號目標,被分解為新澤西標準石油公司(即后來的埃克森石油公司)、紐約標準石油公司(即后來的莫比爾石油公司)、標準石油公司(即后來的雪佛龍公司)等34個獨立公司。

1859—1971年,國際石油市場處於石油「七姐妹」[①]形成與主導市場階段,西方石油公司劃分了各自公司的市場範圍和份額,瓜分了美國之外的全球石油市場,形成世界石油產業的國際卡特爾。石油「七姐妹」規定了石油供應的定價方式,即價格一律按照由美國市場決定的墨西哥灣離岸價加上從墨西哥灣到交割地的運費來決定。

4.2.1.2 OPEC(歐佩克)官方定價到一攬子原油價格

西方石油公司對世界石油市場和定價權的控制引起了產油國的對抗,也催生了國際石油輸出國組織建立OPEC。歐佩克成立之后就致力於與國際石油卡特爾爭奪定價權的鬥爭,紛紛實現石油資源國有化。通過控股和國有化石油公司,歐佩克完全取得對石油生產的控制,定價權轉移到歐佩克。石油價格以歐

[①] 即埃克森石油公司、美孚石油公司、海灣石油公司、德士古石油公司、加利福尼亞標準石油公司、英國石油公司、壳牌石油公司。

佩克的官方價格為主，定價方式為波斯灣離岸價加上從波斯灣到交割地的運費，阿拉伯輕質原油取代西德克薩斯中質原油成為標杆原油。到20世紀80年代，由於非歐佩克產油量增長，1986年11月歐佩克價格委員會決定參照一攬子原油價格來決定該組織成員國各自的原油價格，7種原油（沙特阿拉伯輕油、阿爾及利亞撒哈拉混合油、尼日利亞邦尼輕油、委內瑞拉蒂朱納輕油、印度尼西亞米納斯原油、阿聯酋迪拜油、墨西哥伊斯莫斯輕油）的加權平均價即是參考價。

4.2.1.3 石油期貨定價階段

20世紀70年代的石油危機導致石油供應中斷，使得許多消費者從現貨市場上購買原油，現貨交易不斷擴大。現貨交易的價格最初只是歐佩克定價的參照，后來完全取代歐佩克的官方價格。進入20世紀80年代，高油價導致石油需求量的大幅度減少和生產能力過剩，石油出口國（包括歐佩克和非歐佩克國家）為自己在全球的市場份額展開鬥爭。歐佩克行政定價被市場價格逐漸取代。這一時期歷史性事件是石油衍生工具——石油期貨的出現。1978年，取暖油期貨合約在紐約商業交易所推出，成為最早的石油期貨品種。從20世紀80年代中期開始，得益於石油現貨市場交易量的不斷擴大和石油危機后價格風險規避需求的上升，石油期貨市場迅速發展，石油定價進入金融化階段。從全球石油定價權分佈來看，紐約商品交易所（NYMEX）是北美區域定價中心，倫敦國際石油交易所（IPE）是歐洲區域的定價中心。紐約商品交易所和倫敦國際石油交易所在全球大部分區域確立了相對定價權，兩者呈現相互引導關係，但前者居於相對主導地位。[①] 而在亞洲區域，並未形成區域石油定價中心，

[①] 劉鵬. 大宗商品定價權與期貨市場的發展 [D]. 北京：中國人民銀行金融研究所，2005.

石油定價主要受紐約商品交易所和倫敦國際石油交易所輻射和引導。

4.2.2 石油價格波動歷史（1945—2002年）

4.2.2.1 穩定的低油價時期（1945—1971年）

1945年后，戰后資本主義國家進入經濟恢復建設階段，對石油需求不斷增大。雖然OPEC在1960年成立，但對石油市場的影響力還比較有限，西方石油公司依然牢牢掌控著石油市場與定價權。標價（Post Price）是大石油公司以壟斷買主地位公布的油田當場收購其他產油公司所開採原油的價格，實際反應出當時的市場價格。1948年到20世紀60年代末，原油價格一直維持在每桶2.5~3美元。按照蒲志忠的計算，1970年以前高油價與低油價比值出現了逐步縮小的趨勢，油價趨於平穩，整體屬於低油價時期。[①]

4.2.2.2 低油價到高油價時期（1971—1981年）

這一時期兩次石油危機對世界石油市場產生了深遠的影響。1973年10月，第四次中東戰爭爆發，由於美國和許多西方國家對以色列表示支持，一些阿拉伯原油出口國對支持以色列的國家進行了原油禁運。歐佩克六個海灣成員國單方面把油價提高70%，沙特阿拉伯將原油標價從每桶3.01美元提高到5.12美元。這是歐佩克歷史上的轉折點——收回油價決定權。阿拉伯石油輸出國組織將石油減產作為武器，支持埃及和敘利亞對以色列的戰爭。第二次石油危機源於伊朗革命與兩伊戰爭爆發。兩伊戰爭使得伊拉克和伊朗的產油能力受到損害，國際石油市場再度陷入恐慌。由於第一次石油危機普遍經歷的恐慌心理，

---

① 蒲志忠. 國際油價波動長週期現象探討 [J]. 國際石油經濟, 2006 (6).

各石油消費國已經發生了在石油現貨市場的爭奪大戰，導致又一輪的油價上漲。

4.2.2.3 高油價到低油價時期（1981—1997年）

兩次石油危機結束后，西方經濟衰退，為防止油價猛跌，10月歐佩克確定油價為34美元/桶。這一時期，由於歐佩克石油禁運，石油進口國陸續採取節能和能源替代等措施。另外，來自非歐佩克國家的石油產量一直穩定增長，造成了油價下降的壓力，到了1982年原油現貨價格已經降到政府銷售價以下。為了保持34美元/桶的基準油價，歐佩克經協商確定了產量上限，並建立了生產配額體系。然而由於各成員國不願意遵守配額並折價求售，市場出現削價戰，油價狂降到15美元/桶。為了提高市場份額，沙特阿拉伯求助於淨回值定價方法，其他歐佩克成員國很快效仿，因而引起世界產銷格局的巨大變化。這一時期歐佩克控價能力逐步被削弱，市場總體處於低油價時期。1990年海灣戰爭爆發，石油供求失衡。1998年受亞洲金融危機等多種因素的影響，油價大幅度下挫，1999年年初，歐佩克油價跌至10美元/桶以下。

4.2.2.4 油價在20~40美元區間震盪（1997—2002年）

受亞洲金融危機引發的原油需求下降以及OPEC增產等因素的影響，布倫特原油價格從1997年1月的24.53美元/桶下降到1998年12月的9.25美元/桶的最低價。隨著信息技術革命的成功，美國開始主導全球化進程，油價從1999年3月開始反彈並一路攀升，2000年8月突破30美元/桶，2000年9月最高達到37.81美元/桶。短短18個月油價漲幅達到3倍之多，創下海灣戰爭以來油價新高，隨後於2002年3月降至20美元左右。這一階段突發事件發生時油價漲幅很大，但是主要事件發生的時間獨立且持續時間較短，需求和供給具有調整空間，因此油價主要控制在20~40美元/桶。

4.2.3 石油期貨價格波動的金融化特徵（2003年至今）

2003年后，國際石油金融市場進入新一輪上漲週期，國際原油價格一路走高。在2003—2008年，國際油氣地緣政治複雜化，供求矛盾預期成為石油金融市場運行的主導力量，而在金融危機爆發前後，包括石油在內的國際大宗商品價格劇烈波動，國際經濟基本面因素的影響明顯增大。原油市場從供求主導階段發展到供求與金融面並行，進而發展到金融因素主導的階段，成為經濟金融化發展的重要特徵。

4.2.3.1 價格波動脫離供求因素

2003年國際石油市場開始進入新一輪增長週期，石油商品金融化現象進入歷史新階段。從經濟層面來看，世界經濟強勁增長，能源消費大幅度增加，原油剩余產能下降；從政治格局來看，2003—2004年是政治事件、恐怖襲擊、勞資糾紛等不穩定因素多發的時期。在國際經濟、政治、外交、軍事等複雜因素的綜合作用下，2003—2008年國際石油價格持續大幅攀升，衝破了歐佩克價格帶。石油價格從不到30美元/桶，漲到147美元/桶（2008年7月）。同時，石油價格震盪幅度明顯增強，石油價格進入了更加不穩定的波動區間（見圖4-2）。

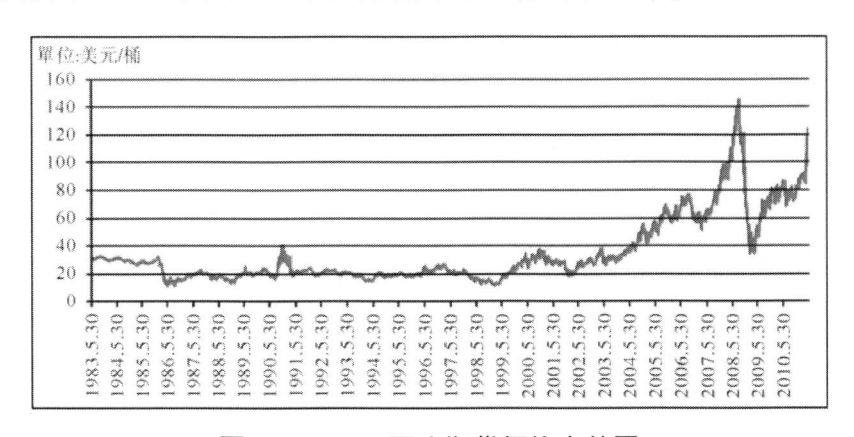

圖 4-2 WTI 原油期貨價格走勢圖

資料來源：華泰長城博易大師。

從石油價格和供求增長情況來看,石油名義價格從 1984 年 1 月的最低點 3.56 美元/桶上升到 2008 年 7 月最高 147 美元/桶,高點是低點的 49.3 倍。石油消費量從 1983 年 2 月的 49,818 千桶/天升至 2008 年 7 月的 74,745 千桶/天,最高需求僅是最低需求的 1.5 倍。但是從表 4-1 中可看出,2003 年到 2010 年,全球石油需求與供給一直保持著大致相當的走勢,供給基本能夠滿足需求,至今沒有面臨供給能力不足的時候。即使是 20 世紀 70 年代石油危機爆發時期,也是 OPEC 國家主動減產或者禁運的結果,歷史上沒有出現產能短缺的情形。

表 4-1　　　　　世界石油消費與供給量　　　單位:百萬噸

時間	石油消費量	石油供給量
2003 年	3,701.1	3,707.4
2004 年	3,877.0	3,858.7
2005 年	3,906.6	3,908.5
2006 年	3,916.2	3,945.3
2007 年	3,904.3	4,007.3
2008 年	3,933.7	3,996.5
2009 年	3,831.0	3,908.7
2010 年	3,913.7	4,028.1

資料來源:英國石油公司能源統計年鑒(2011 年)。

從圖 4-3 中可以看出,石油價格波動與石油供需有著基本相同的趨勢。在一段時期內,石油需求上升,大體上石油價格保持上升或者下降的趨勢,從 30 年整體觀察,石油價格隨著上升的需求一道保持上升的態勢。但是石油需求的上升幅度遠遠比不上石油價格的上升幅度,石油價格波動幅度更是遠遠超過供需的波動幅度。

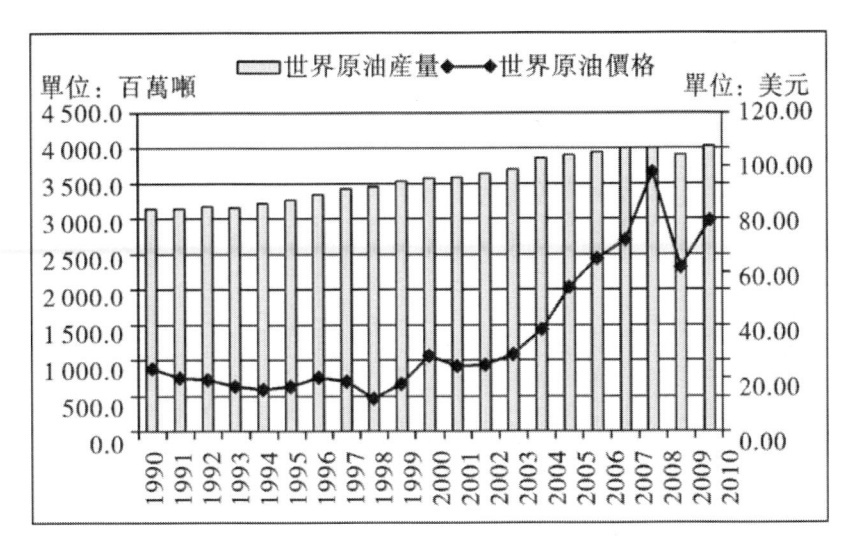

图 4-3　1990—2010 年世界原油產量與原油價格走勢圖

註：原油價格為布倫特原油現貨價格。

數據來源：英國石油公司能源統計年鑒（2011 年）。

從圖 4-4 中可看出，2001—2005 年經濟合作與發展組織（OECD）消費量與油價變動方向是一致的，也就是說，在此期間全球石油消費主體的 OECD（占全球消費 50% 以上）是拉動油價上漲的重要因素之一。但是從 2005 年到次貸危機爆發，OECD 的消費量一直呈現負增長狀態，同時段 WTI 期貨價格却一路飆升，這一反常特徵在 2007—2008 年表現得尤為突出。

近年來，關於中國等新興國家拉動石油需求，導致石油市場供需關係脆弱，引發油價高漲的聲音不絕於耳，國際能源署及其代表的美國等西方國家尤其支持這一論點。從圖 4-5 中可以看出，2003 年以來，中國工業化、城鎮化進程加快，石油消費需求進入快速增長通道，從 2003 年的日均 150 萬桶上升到 2010 年的近 250 萬桶。然而通過觀察可以發現，次貸危機爆發期間，中國石油需求依然持續增加，而 2008—2009 年油價却暴跌 40 美元，中國石油需求成為原油價格上漲的理由不攻自破。

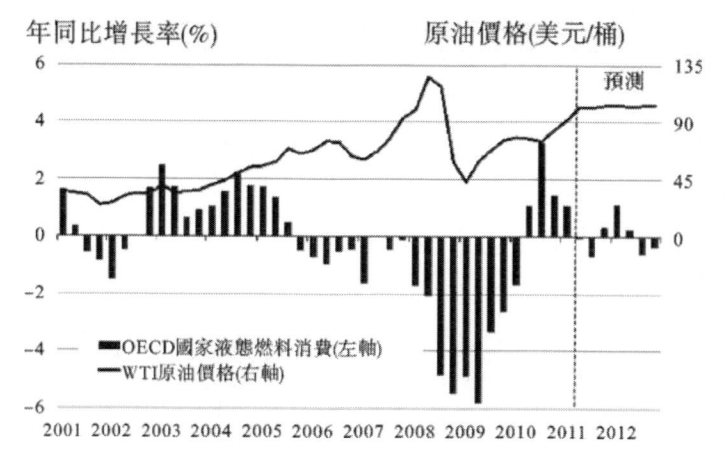

图 4-4　2001—2011 年 OECD 國家消費變動與油價走勢

註：原油價格以 2009 年美元價格計算。

資料來源：EIA 短期能源展望（2011.7）。

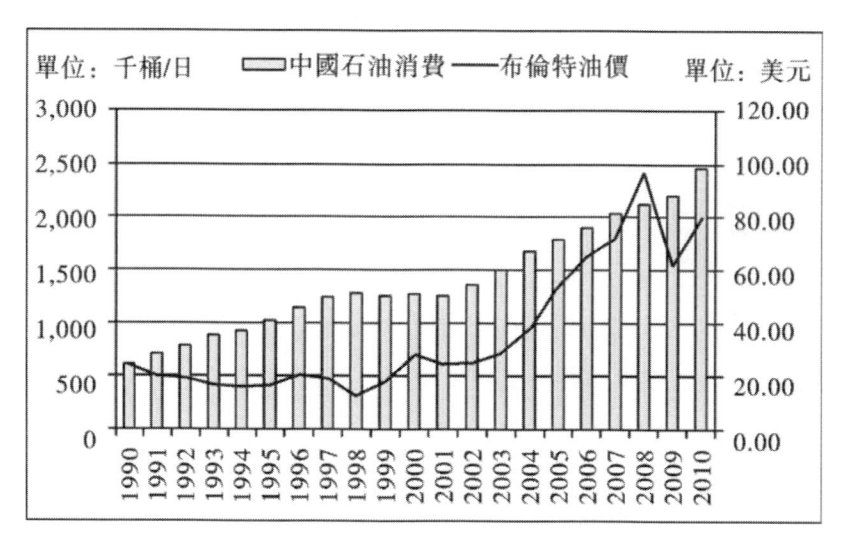

圖 4-5　1990—2010 年中國石油（產品）消費與布倫特現貨油價走勢

資料來源：根據 IMF、英國石油公司能源統計整理。

我們再從供給方面來觀察油價走勢的合理性。作為原油主產區，OPEC 產量在全球石油產量的份額一直穩居 50% 以上，在 2000 年前與油價呈現有規律的反向變動，高產量意味著低油價，符合傳統的供求基本規律。但是這一現象在新千年後發生逆轉，

作為石油市場的主要供給地區，儘管 OPEC 依然不斷增產，原油價格却一路走高，速度之快令人咋舌（見圖 4-6）。2008 年，次貸危機爆發將美國經濟拉入前所未有的深度衰退，原油價格暴跌，短短幾個月最大跌幅超過 40%。從供求關係的視角來看，油價暴跌的主要原因在於，經濟衰退引發石油消費需求的萎縮，不足以維持油價的高位運行。但是，油價的快速下跌真實反應了需求的同等程度下跌嗎？從經濟學眼光來看，應對需求萎縮的辦法是降低價格，使需求曲線外移。然而，這與油價暴跌后 OPEC 主要國家決定減產以提高價格的辦法相悖。實際上，導致原油價格急遽下跌的原因用供求基本因素已經不能解釋，金融因素扮演著重要角色。這也可以看出，石油期貨價格的波動已經脫離市場供求的基本信息，呈現出獨立運行的跡象。

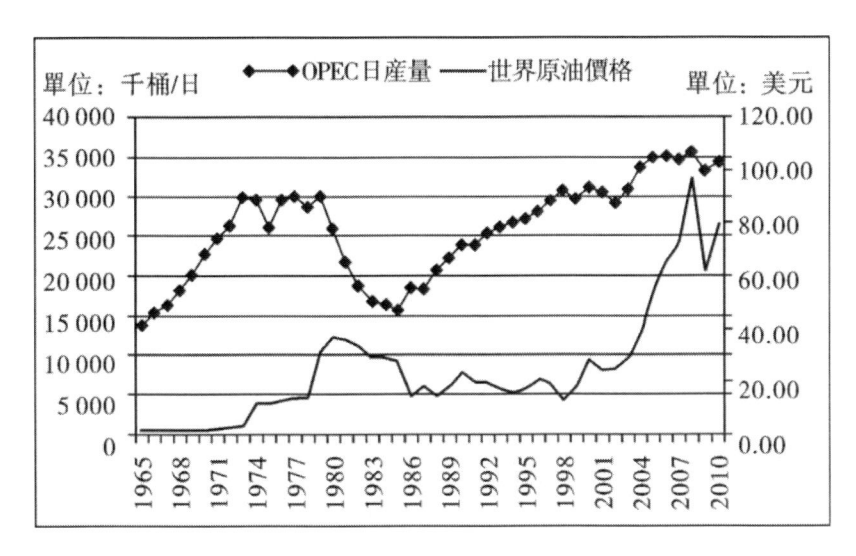

圖 4-6 OPEC 國家石油日產量與原油價格走勢

數據來源：世界石油展望（OPEC），英國石油公司能源統計年鑒（2011 年）。

4.2.3.2 期貨交易主體多元化

1. 期貨市場交易的主要類別

期貨市場的快速發展吸引了大量不同身分的交易主體參與

其中。期貨市場交易形式主要有套期保值交易、投機交易和套利交易三種。套期保值交易的主體有石油生產企業、石油開採企業、航空交通運輸企業、煉化企業等。這些企業參與期貨市場的動機主要是利用衍生品來對沖其現貨頭寸的風險，通過套期保值來鎖定收益，分散風險。由於期貨交易者大多會在期貨到期前平倉，套期保值交易者往往不選擇到期實物交割，因此套期保值交易的客體是期貨合約而不是商品。投機交易即投機者利用市場的價差進行買賣並從中獲利的交易行為，投機的目的就是獲得價差利潤。石油期貨投機交易主體是那些在石油期貨市場上通過買賣石油期貨合約以牟取高額利潤的法人團體，主要包括個人投機者、企業投機者和基金投機者。套利是指同時買進和賣出兩張不同種類的期貨合約，主要通過兩合約價格變動而從中獲利，交易者關注的是相對價格水平，而不是絕對價格水平，如跨期套利、跨商品套利、跨市場套利等。

2. 原油期貨交易主體

期貨市場交易根據交易主體，可分為機構與散戶。散戶的操作因其資金有限，相對分散，影響盤面的力量非常有限，一般屬於非報告持倉。機構主要分為商業機構和金融機構、市場仲介等，商業機構一般包括石油公司、以石油為原料的工業企業等；市場仲介一般是投資銀行、場內經紀人、互換交易商等，是連接各類投資者和市場的重要角色。金融機構包括證券公司、基金公司、保險、信託公司等。

在當今國際商品期貨市場上，基金是推動行情的主力。基金一般具有資金規模巨大、善於題材炒作、信息把握能力強等特點。基金的操作往往顯得凶狠果斷，是加劇市場波動幅度和頻率的重要力量。基金主要有以下幾類：

（1）「購買並持有」類型的基金

這類型基金以養老基金、共同基金等為代表。這類型基金

的特點是常常採用完全抵押的多頭投資策略。近年來，管理型資產投資數額巨大，成為影響金融衍生品市場的重要力量（見圖4-7）。

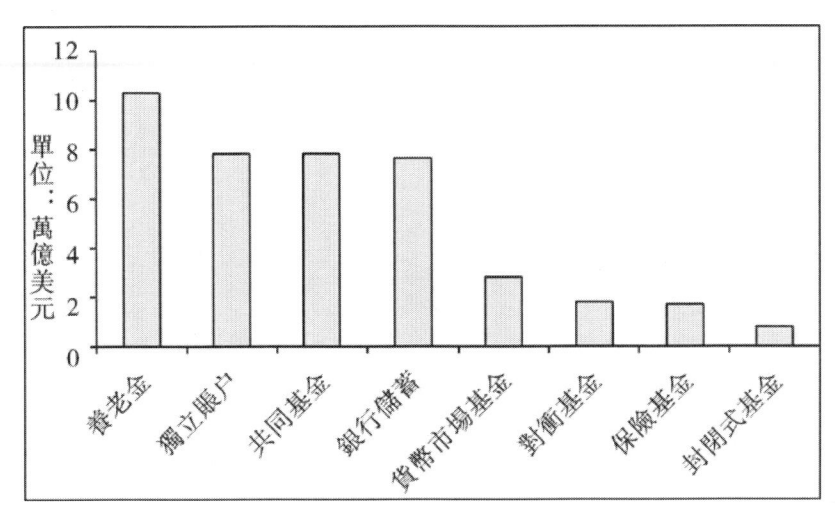

圖4-7 2010年全球管理型資產投資規模

資料來源：巴曙松，牛播坤，等. 2010年全球金融衍生品市場發展報告[M]. 北京：北京大學出版社，2010.

（2）對沖基金

對沖基金起源於美國，雖然絕對規模比養老金、共同基金更小，但20世紀以後，其淨資產快速增長，2008年資產規模從2000年的5,000億美元增長到15,000億美元（見圖4-8）。對沖基金參與交易規模龐大，並且操作模式比「購買並持有」型基金更為激進，往往採用高槓桿效應追求高風險、高收益的投資模式，是石油期貨市場中最具影響力的基金類型之一。從投資收益的角度來看，投資商品市場的收益要遠遠高於股票市場，而美元的持續貶值也促使更多的資金不斷湧入商品市場。對沖基金渴望市場動盪，偏好不透明的市場，甚至運用它們的貿易策略來製造這種動盪。

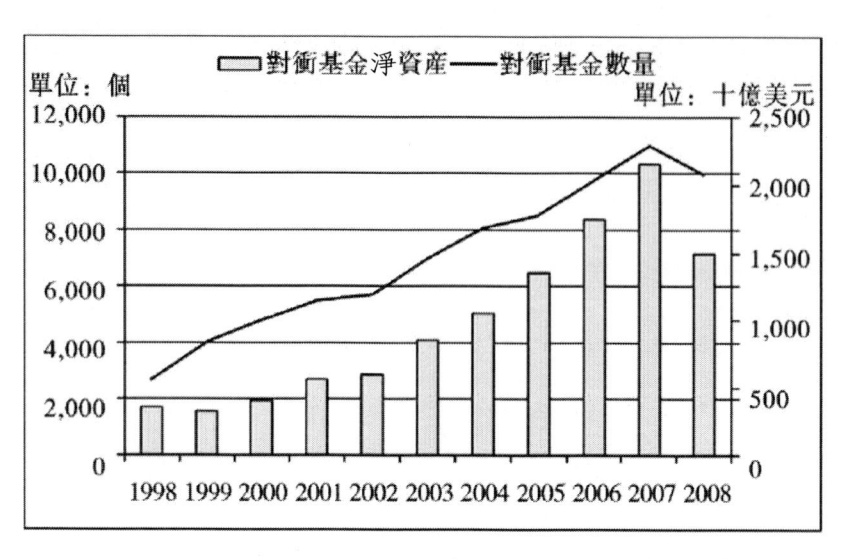

图 4-8　1998—2008 年對沖基金的數量與淨資產規模

資料來源：倫敦國際金融服務局(IFSL)，www.ifsl.org.uk/output/Report.aspx。

(3) 商品指數類基金

從 2003 年開始的新一輪大宗商品牛市週期中，與商品指數相關的基金活動已經超過 CTA 基金、對沖基金和宏觀基金等傳統意義上的基金規模。由圖 4-9、圖 4-10 可以看出，商品指數基金與商品價格變動高度相關。即商品價格指數上漲，商品指數投資基金數額便增長；反之，商品價格指數下跌，商品指數投資基金數額下跌。

與其他工業原材料相比，能源類衍生品的價格主要受到異常氣候、OPEC 政策、地緣政治變動、煉油開工率等因素影響，而工業金屬、股票和債券價格主要受到 GDP 增長率和通脹率的影響。兩者影響因素不同，可以為投資者起到分散風險的作用。如中東政治動亂產生原油供給危機，會產生世界經濟增長負面預期效應，從而打擊證券市場，但會給原油看多期貨合約的持有者帶來收益。從表 4-2 中可以看出，能源類商品在主要的商品價格指數中占據著非常重要的地位。

图 4-9 商品指数基金多头持仓量与 WTI 近月合约期货价格走势图

资料来源：KENNETH J SINGLETON. Investor Flows and the 2008 Boom/Bust in Oil Prices [J]. Management Scien，2014，60（2）.

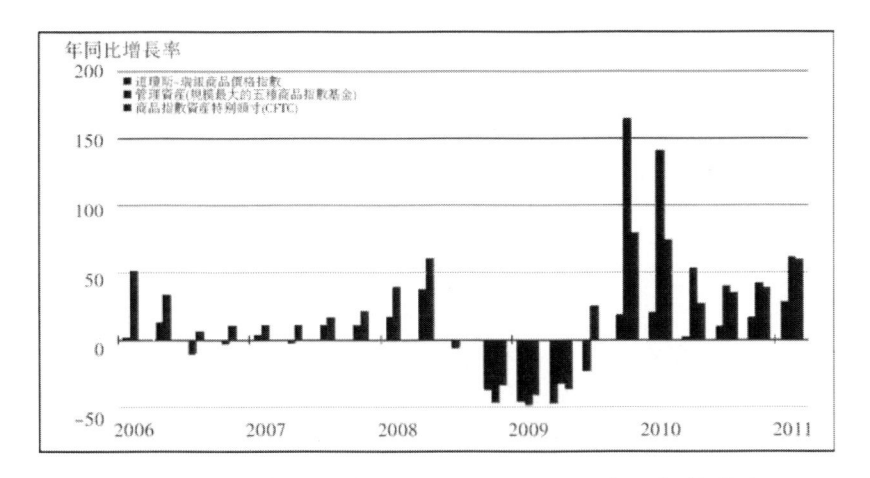

图 4-10 管理资产（规模最大的五种美国商品指数基金）、商品指数资产特别头寸（CFTC 报告）与商品价格指数变动走势

资料来源：CFTC 报告。

表 4-2　　　　　　　　主要商品價格指數構成　　　　　單位:%

商品指數	高盛商品價格指數（CSCI）	道瓊斯商品價格指數（DJ-AIG）	路透商品價格指數（Reuters-CRB）	德意志銀行商品價格指數（DBLCI）
能源	75.6	36.2	17.6	55.0
農產品	10.4	29.7	47.1	22.5
家畜	5.4	9.2	11.8	0.0
貴金屬	1.8	7.3	17.6	10.0
工業金屬	6.8	17.6	5.9	12.5
合計	100.0	100.0	100.0	100.0

資料來源：張宏民. 石油市場與石油金融 [M]. 北京：中國金融出版社，2009.

(4) 商品交易顧問（CTA）和期貨投資基金

商品交易顧問是指在商品期貨監管機構註冊的建議他人在恰當時機購買或出售期貨及期權合約的組織或個人。期貨投資基金是客戶將資金交給專業資金管理人，委託其通過商品交易顧問，在全球期貨期權市場中自主選擇投資獲利並收取相應管理費和分紅的基金組織形式，是國際期貨市場重要的機構投資者。雖然具體的策略不同，但這類基金多數採用各種各樣的技術分析方法探測強勁市場走勢或市場逆轉的拐點信號，並通過一系列指標體系來確定何時入場，何時平倉，以期通過頻繁交易在價格波動中獲利。這類基金投資者往往是趨勢的追隨者，趨向於在價格飆升的時候買進，在價格下跌的時候賣出，這樣就拉大了價格的波動範圍。當大量 CTA 同時買進或賣出的時候，這種羊群效應更加顯著。①

---

① 張宏民. 石油市場與石油金融 [M]. 北京：中國金融出版社，2009.

4.2.3.3 非商業持倉與油價關聯性加強

1. CFTC對持倉頭寸的分類

根據交易目的的不同，美國商品期貨交易所（CFTC）發布的交易員持倉報告（COT）將原油期貨交易主體分為：報告持倉與非報告持倉。

所謂非報告頭寸是指「不值得報告」的頭寸，即分散的小規模投機者。非報告頭寸的多頭數量等於未平倉合約數量減去可報告頭寸的多單數量，空頭數量等於未平倉合約數量減去可報告頭寸的空單數量。在非商業頭寸中，多單和空單都是指淨持倉數量。如某交易商同時持有2,000手多單和1,000手空單，則其1,000手的淨多頭頭寸將歸入「多頭」，1,000手雙向持倉歸入「套利」（SPREADS）。所以，此項總計持倉的多頭＝非商業多單＋套利＋商業多單；空頭＝非商業空單＋套利＋商業空單（見圖4-11）。

報告持倉又可分為商業持倉與非商業持倉。非商業頭寸一般認為是基金持倉，而商業頭寸與現貨商有關，有套期保值傾向，但實際上商業頭寸涉及基金參與商品交易的隱性化問題。現有的美國商品期貨交易所持倉數據將指數基金在期貨市場上的對沖保值認為是一種商業套期保值行為，歸入商業頭寸範圍內。另外，指數基金的商品投資是只做多而不做空的，因此它們需要在期貨市場上進行賣出保值。因為掉期交易商對沖的風險涉及潛在的現貨交易，所以一開始就被劃入商業交易者中，他們不受持倉限額的限制，也不必披露每個互換交易的情況。可是最近幾年，情況發生了很大的變化。商品指數基金和對沖基金等投機者也在場外交易市場（OTC）上利用互換交易通過掉期交易商進入期貨市場，

並因此避開了投機者本來應該受到的種種監管。①②

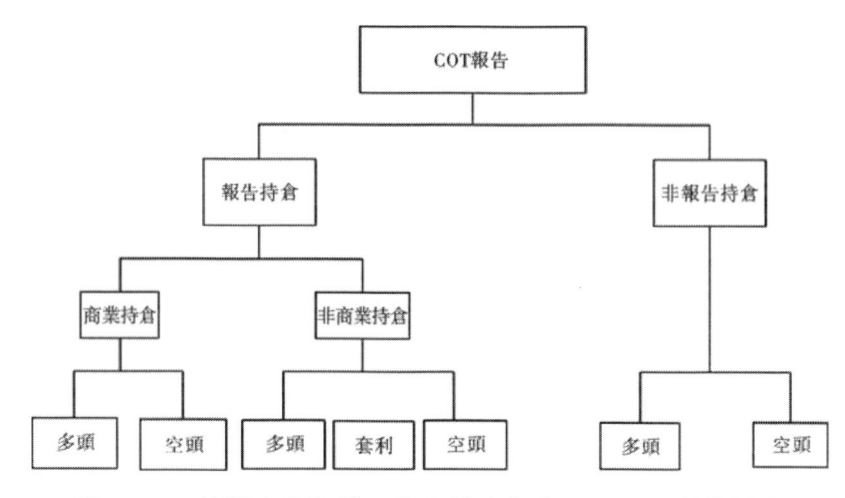

图 4-11 美國商品期貨委員會持倉報告（COT）數據構成

2. 非商業持倉的操作特點

2003 年開始，商業與非商業機構持倉交易量都變得更加活躍。從圖 4-12、圖 4-13、圖 4-15 中可以看出，2002—2010 年 WTI 原油期貨總持倉量大幅上漲，非商業淨多頭占總持倉量的比例上升，與原油上漲關係密切。從 2003 年開始，非商業類機構的淨頭寸幾乎一致保持淨多頭。這種現象表明，非商業機構（包括對沖基金、場內經紀人等）開始堅定地看漲油價。在石油不可再生、市場信息不透明的背景下，石油極易成為炒作的題材，大量資金做多操作，可以避免裸賣空操作帶來的到期交割困境，因此石油投機資金的最大特點是偏向做多。此外，非商業類機構的交易量與商業類機構的交易量之比由 2002 年年底的不到 30%上升到 2007 年年底的 53%左右，非商業類機構相對份額的上升幾乎完全是價差交易膨脹的結果。③ 從 2002 年以來的

---

① 管清友. 危機之源：后天有多遠 [M]. 杭州：浙江大學出版社，2010.
② 焦學磊. 市場金融化與油價泡沫 [J]. 中國集體經濟，2009，9.
③ 焦學磊. 市場金融化與油價泡沫 [J]. 中國集體經濟，2009，9.

非商業類機構價差交易量迅猛增長，WTI 原油期貨的持倉頭寸翻了 2 倍，而價差交易頭寸翻了近 5 倍（見圖 4-14）。

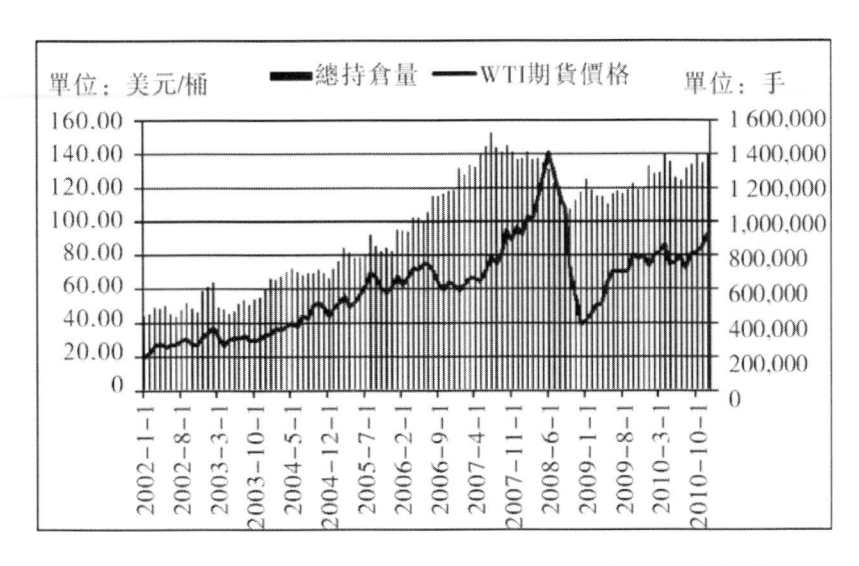

圖 4-12　2002—2010 年 WTI 期貨價格與持倉總量的變動圖

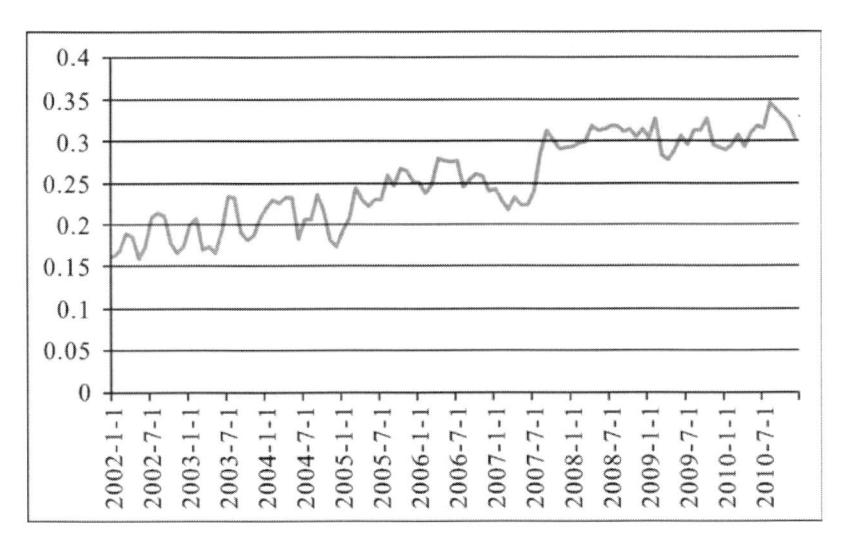

圖 4-13　2002—2010 年非商業持倉占總報告持倉的比例

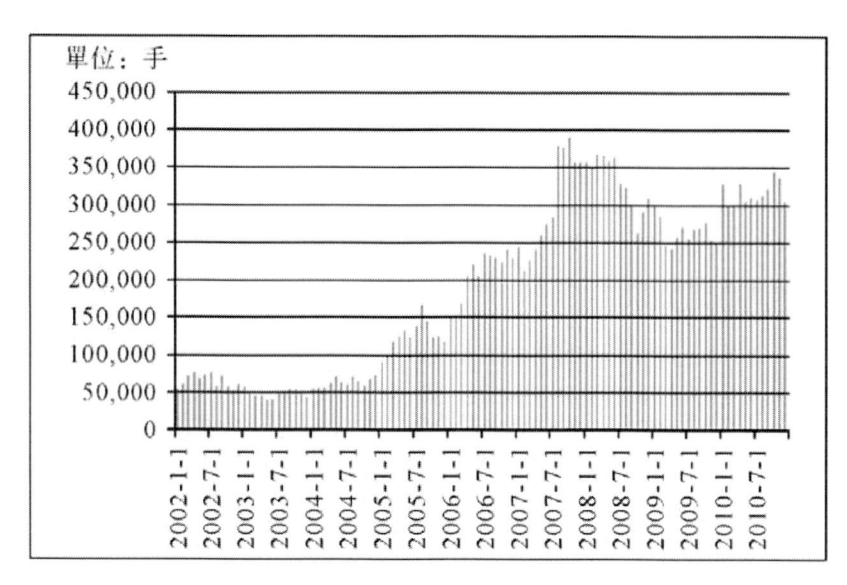

圖 4-14　2002—2010 年 WTI 原油期貨非商業持倉套利交易
數據來源：根據 CFTC 持倉報告繪製。

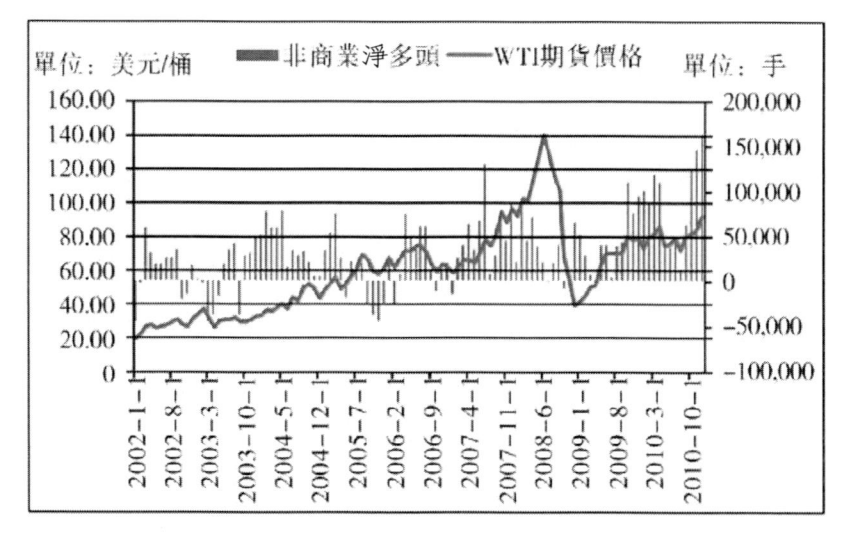

圖 4-15　2002—2010 年 WTI 非商業淨多頭與期貨價格的走勢圖
數據來源：CFTC 持倉報告，英國石油公司能源統計年鑒（2011 年）。

4.2.3.4　石油期、現貨市場交易量脫節

在石油期貨市場成立初期，市場參與主體主要是石油生產商和經銷商，參與目的主要是規避現貨市場的價格風險。隨著

石油市場參與者的不斷增多，大量的生產者、消費者、貿易商、仲介公司、金融投資公司、投機商、各類基金等都以不同方式進入石油市場，期貨市場上的紙面合同交易量大大超過了實物交易。2000—2006年，紐約商品交易所能源期貨交易金額增長160%，洲際交易所能源交易量漲幅超過270%，原油期貨交易量增長了322%，僅2005—2006年的一年間就增長了140%。[①]

從表4-3可以看出，在國際石油市場中，期貨期權交易遠遠大於石油實際消費的數量，洲際交易所與紐約商品交易所期貨期權交易量與石油實際交易量的比值達到30倍以上，並且這僅包括場內交易，規模更為龐大的場外交易更為驚人。2004年，石油場外交易粗略估計日交易量大約在7億桶，當時全球日需求量僅僅為8,000多萬桶。[②] 摩根士坦利2008年場外日均交易量大於2,500萬桶，相當於沙特阿拉伯原油產量的2.5倍。

表4-3　2007年主要國家和地區石油期貨與期權市場交易量與石油實際消費量之比

	紐約商品交易所	洲際交易所	東京工業交易所	總計
日平均消費量(百萬桶)	20.58	25.28	5.16	85.76
原油期貨日平均消費量（百萬桶）	486.10	444.47	1.87	932.44
原油期貨/日平均消費量	23.62	29.09	0.36	10.87
石油期貨期權日平均交易量（百萬桶）	906.48	519.09	14.30	1,439.87

---

① 安東尼婭·朱哈斯. 石油黑幕 [M]. 李曉春, 譯. 北京：中國人民大學出版社, 2009.

② 譚克非. 世界經濟格局中的石油期貨交易 [J]. 中國石化, 2004, 3.

表4-3(續)

	紐約商品交易所	洲際交易所	東京工業交易所	總計
石油期貨期權日平均交易量/日平均消費量	44.05	33.97	2.77	16.79

資料來源：張宏民. 石油市場與石油金融 [M]. 北京：中國金融出版社, 2009.

2009年，全球石油期貨市場每日交易量達到1.2億至1.6億桶，為原油每日需求量的1.87倍（原油每日需求量約為8,557萬桶）。據OPEC估算，即使到2030年，全球原油每日平均需求量也只有1.16億桶，期貨交易量遠遠高於現貨需求量。[①]

4.2.4 石油期貨市場與金融市場的互動

4.2.4.1 石油期貨市場與股票、債券市場

在全球證券市場上，石油工業是全球經濟的基礎性產業，石油價格的變動必然引發石油企業股票價格的變動，並帶動整個證券市場上的股價波動。目前在美國上市的與石油開採、生產、銷售服務、設備製造和運輸相關的企業多達280家，全球石油業大部分石油巨頭都在美國上市，石油與證券市場存在天然的聯繫。1973—1974年第一次石油危機中，美國紐約道瓊斯工業平均指數從1973年1月的1,067點急遽下跌到1974年12月的570點。1979年到1980年第二次石油危機中，華爾街再次遭遇重創。期貨市場交易出現后，原油的金融屬性得到充分展現，與美國證券市場的聯動性進一步加強。

2008年1月2日，在國際油價突破100元的當天，美國紐約

---

① 王勇. 從戰略高度防範石油金融化風險 [N]. 中國證券報, 2009-06-22.

道瓊斯30種工業股票平均價格指數比前一個交易日下跌220.86點，收於13,043.96點，跌幅為1.67%；標準普爾500（S&P500）股指下跌21.2點，收於1,447.16點，跌幅為1.44%；納斯達克綜合指數下跌42.65點，收於2,609.63點，跌幅為1.61%。

高油價對股票市場的衝擊是多方面的：首先，高油價會使全球通脹壓力進一步加劇，許多國家央行均因為通脹壓力採取加息政策，緊縮性效應必然對股市形成負面拖累。其次，對於上市公司而言，油價攀升會令包括石化、航空、運輸等很多行業面臨較高的成本壓力，進而造成公司業績的下滑，相關股票下跌。再次，油價高企將挫傷消費者的消費信心，也令企業再投資減少，進而影響整體經濟狀況和股市。最後，由於石油以美元計價，油價持續攀升也代表投資者看淡美元的走勢，這將造成市場資金由股市流入商品市場。雖然油價對股市有一定的影響，但影響程度究竟有多大，則要取決於以下因素：一方面是油價的上漲幅度和持續時間；另一方面是高耗油企業如物流、交通運輸業的成本轉嫁能力。

值得注意的是，原油期貨與股票市場的關係在油價暴漲后發生了逆轉，S&P500指數在2008年油價達到頂點后，與原油期貨日收益率的關聯由負相關變為正相關，即油價上漲，S&P500指數也上漲，並在2010年相關度超過0.65（見圖4-16）。這種關聯說明金融危機后，大量資金在尋求避險與投資回報，在資本市場的推動力不可忽視。

石油作為一種能源物資看似與債券市場無關，實際上債券市場與石油市場之間存在著千絲萬縷的聯繫。當石油價格上漲給製造加工業、航空運輸業等企業帶來負面影響，使其公司業績下滑時，股票市場投資者很可能預計到這一點而轉向債券市場，因此債券市場價格會因為大量資金的湧入而上漲。同時高油價可能導致通脹與經濟低迷等問題，貨幣當局在通脹與經濟

增長的權衡中，可能會下調利率，刺激經濟發展。下調利率對債券市場的利好消息，又會導致債券市場的繁榮。2008年油價達到頂峰后，美國30年國債收益率與原油期貨日收益率相關度呈現出比2008年以前更加緊密的關聯度。

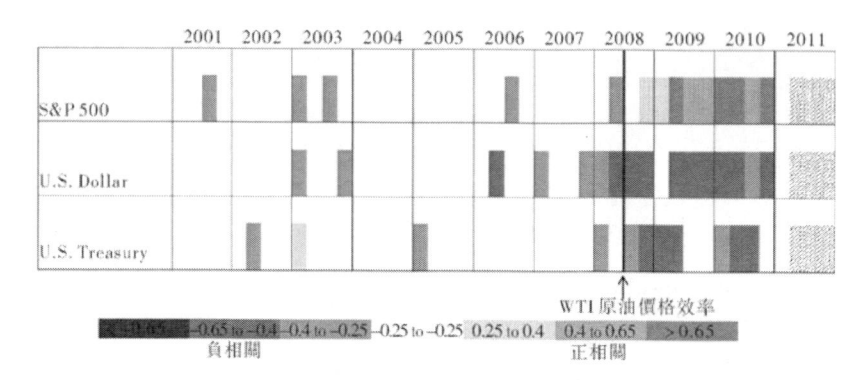

圖4-16　原油期貨與金融資產的日間回報率相關度

註：U.S.Dollar是指美元有效匯率指數，U. S. Treasury是指30年期美國國債收益率的負變動值（收益率上升，價格下降）。

4.2.4.2　石油期貨市場與大宗商品市場

石油的價格波動會因成本推動或替代效應在其他不同品種大宗商品之間傳遞，但油價的波動幅度遠高於其他大宗商品（見圖4-17）。較高的石油價格不僅能通過傳統成本機制推高價格，還能通過替代效應推高其他品種商品的價格：天然橡膠價格將上漲，因為它的替代品是以石油為基礎的合成橡膠；煤炭的價格會更加昂貴，因為高企的石油價格導致電廠使用廉價的煤炭發電；此外，高油價導致生物燃料成為運輸燃料的補充，從而推高玉米、油菜籽和糖等糧作物價格。國際油價的上漲動盪，不僅導致煤炭、糧食價格的全面上漲，引發全球通脹，而且還引發全球金融市場的動盪。在2007年，由於石油價格的不斷上漲，全球經歷了30年來罕見的食品價格普遍上漲。大豆價格比2007年年初幾乎翻番。糧食價格已經與石油價格緊密聯繫在一起，國際遊資在能源期貨市場和糧食期貨市場間的遊動更

給依賴國際市場的國家提出新的課題。

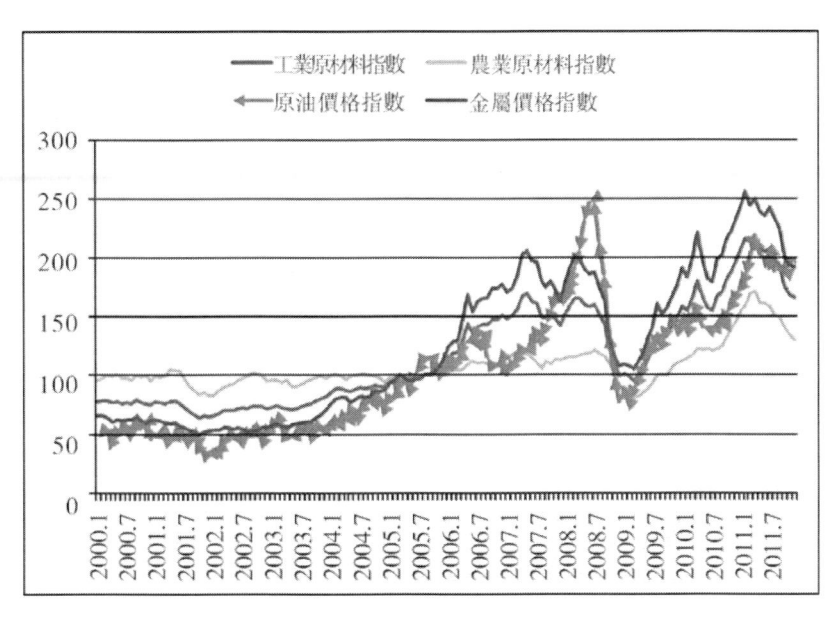

**圖 4-17　工業原材料指數、農業原材料指數、
原油價格指數、金屬價格指數走勢圖**

資料來源：IFS（2011 年）。

4.2.4.3　石油期貨市場與外匯市場

1. 國際原油價格的美元匯率傳導機制

近年來，國際原油價格與美元走勢呈現出越來越密切的關聯性，兩者並非單一的因果關係，而是呈現出互相影響的關係。美元匯率對原油價格的引導關係是多方面的。第一，國際石油價格以美元計價，美元價值變動與其所衡量的石油價格變動息息相關，如果大量的美元在國際市場中流動，同時石油產量並未產生大幅度變化時，石油價格將趨於上漲。第二，石油生產國將石油收入與價格掛勾。如果石油供給相對穩定，而美元大量泛濫，石油生產國為了保障本國石油美元不貶值，傾向於減產來提高石油價格，通過名義收入上升來抵消美元貶值帶來的資產貶值效應。第三，金融市場交易者隨時都在尋求最佳的投

資組合。在美元不斷貶值的趨勢下，投資者將石油作為類似黃金的投資工具，導致國際市場上投資者通過美元資產與石油期貨頭寸的售買與調整達到套期保值的目的。第四，國際石油期貨市場對市場信息的變動非常敏感，在美元貶值和油價上漲的預期下，國際投機資金進一步做多石油、做空美元，從而加大美元貶值和國際油價上漲的速度，加快預期的實現速度。第五，近年來新興市場國家經濟高速發展，累積了大量的美元資產，同時高度依賴石油的經濟發展模式還未根本轉變，美元資產需要保值，需要更多的出路，美元資產向石油資產轉化，客觀上也會導致石油價格上漲。

2. 美元匯率與原油價格走勢分析

從圖4-18中可以看出，1970—2010年原油價格上漲中美元貶值因素大概占到三分之一。如果按照2010年美元價格計算，目前的原油實際價格與1978—1980年第二次石油危機時期原油價格相當，但名義價格却是當時的3倍。目前原油價格之所以感覺如此之「貴」，與美元持續性貶值有著直接關係。

從圖4-19、表4-4中可以看出，2003年以前，石油價格走勢與美元相關度不高，而進入2003年之后，石油價格與美元走勢呈現高度負相關性，這與張震[1]的結論一致，即美元與石油在2000年以前兩者顯著正相關，但正相關關係並不穩定，2000年后兩者逐步從非穩定正相關關係轉變為穩定負相關關係。這也許與早期購買石油出於使用價值，后期投資者將石油作為類似黃金的保值投資品有直接關係。

---

[1] 張震. 探析黃金、美元和石油之間的互動關係——基於分量迴歸模型的再探討 [J]. 現代經濟探討, 2010, 11.

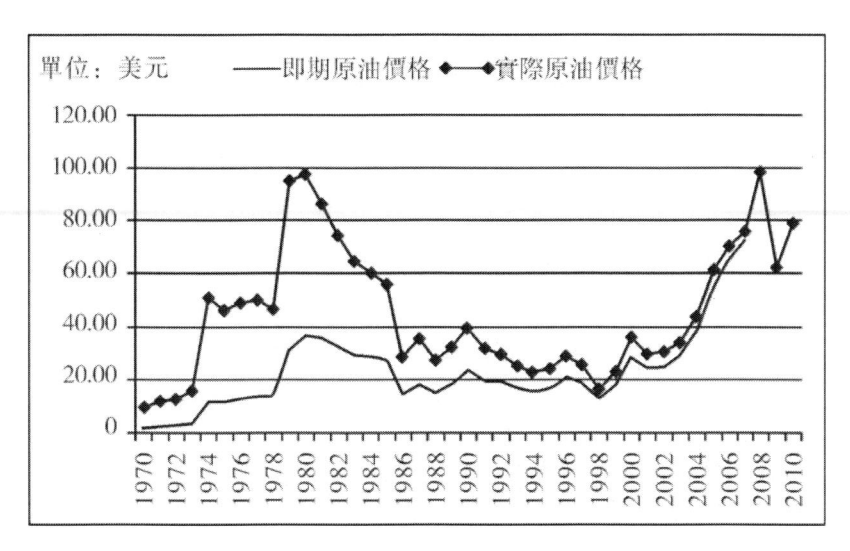

图 4-18　1970—2010 年原油价格走势图

注：实际原油价格 1970—1984 年为阿拉伯轻质原油价格；1984 年以后为布伦特原油价格，以 2010 年美元计价（资料来源于 EIA、英国石油公司能源统计）。

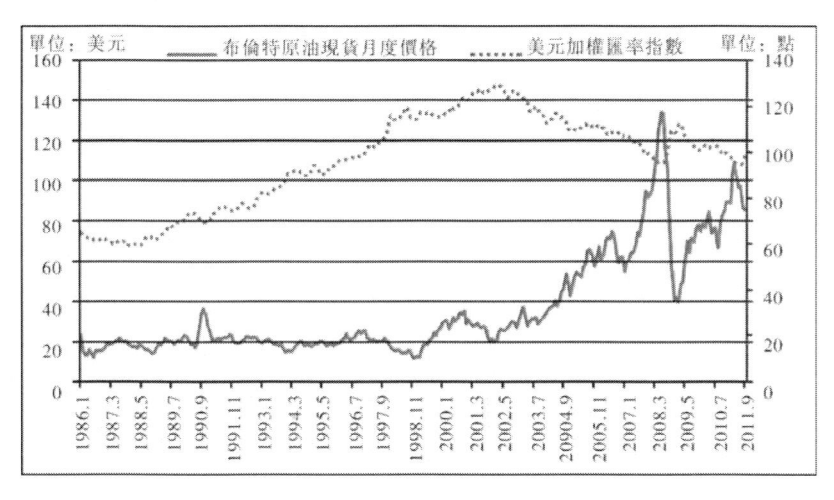

图 4-19　美元加权汇率指数与布伦特原油现货价格走势

表 4-4　　美元匯率與原油期貨價格的相關性

時間	樣本	相關係數
1986.1~2011.9	309	0.26
1986.1~1997.12	105	0.18
1998.1~2002.12	144	0.48
2003.1~2006.10	46	-0.80
2006.11~2008.7	21	-0.94
2008.8~2011.9	38	-0.89

5 石油金融化趨勢之二
——石油公司產融結合趨勢

5.1 石油公司融資渠道的多元化

石油工業的高風險、資金技術密集、投資週期長等特點，決定了石油公司擴大再生產需要巨額的資金支持。石油產業傳統融資渠道來自銀行信貸和政府支持，隨著石油工業擴大投資與規模化需求的上升，銀行的融資功能已經不能滿足其要求。石油產業從最初依靠傳統的銀行金融融資渠道轉向銀行與資本市場融資渠道並舉，擴大了融資渠道，融資工具也趨於多樣化，可轉換貸款、次級貸款、票據融資、股票融資、長短期債券融資等融資方式紛紛出現。以阿美石油公司為例，全阿拉伯前十五大的銀行資本總額達到 230 億美元，與英國巴克萊銀行的規模相當。雖然資本充足率為 12%，但即使是在阿拉伯地區世界借貸能力最強的沙特阿拉伯，貸出資金的能力依然非常有限。如沙特阿拉伯一個重要的碳氫化合物項目，依靠本地銀行得到的金額僅有 50 億~60 億美元，因此依靠外部融資方式獲得資金顯得尤為重要。融資渠道主要有：一是當地基金。如沙特阿拉伯成立了沙特工業發展基金（SIDF），每年可為能源產業投資

50億美元。另外公共投資基金也提供了數額可觀的長期特惠利率資金。二是區域性機構。如科威特的經濟與社會發展協會，為當地提供基礎設施建設所需資金，及為能源機構提供投資支持等。三是多邊融資機構——歐盟投資銀行（EIB）。EIB承擔了開採、戰爭、城市騷亂等風險，為埃及液化天然氣提供融資115億美元，這也鼓勵了其他國際性金融機構參與資源地能源投資項目。四是股票市場、債券市場等資本市場。美國擁有全球規模最大的跨國石油公司，由於其自身的規模基礎、資產能力及行業影響力，直接和間接融資渠道多樣化。當然，一些中型規模的石油公司，在資本市場上融資的能力並非很強。[1]

5.2 跨國石油公司併購式擴張

5.2.1 跨國石油公司的分類

跨國石油公司是世界石油市場的重要參與主體，其石油勘探開發、生產煉化、資本營運等活動推動著石油市場的發展。時至今日，跨國石油公司依然擁有巨大的石油儲量和產量，其經營決策是國際石油市場的重要影響因素。跨國石油公司主要分為國家石油公司、私營石油公司與石油專業服務公司。國家石油公司由國家完全控股，對外的石油戰略體現國家利益，缺少私營石油公司的獨立性。近年來，在產油國資源國有化浪潮下，國家石油公司的實力和影響力大大提高。2007年，英國《金融時報》評出了新「七姐妹」，也就是來自經濟合作與發展

---

[1] 參考：MICHAEL HAMILTON. Energy investment in the Arab world: financing options. Organization of the petroleum exporting countries [J]. OPEC Review, 2003.

組織以外的國家石油公司：沙特阿拉伯石油公司、俄羅斯天然氣工業股份公司、中國石油天然氣集團公司、伊朗國家石油公司、委內瑞拉石油公司、巴西石油公司和馬來西亞國家石油公司。[1] 私營石油公司具有獨立的公司目標，按照利益最大化原則開展經營活動。與國家石油公司相比，私營石油公司與政府之間的合作是一種基於不同利益導向的合作。目前世界大型私營石油公司主要有埃克森美孚石油公司、英國石油公司、荷蘭皇家殼牌集團公司等。其大多擁有石油工業起源時的壟斷資本背景，后通過一系列重組收購等活動增強了綜合競爭力，資本與儲量雄厚，是影響國際石油市場動向的一支重要力量。石油專業服務公司主要包括哈利波頓公司、斯倫貝謝公司等，業務覆蓋面廣，從油氣勘探、開發、生產、經營、維護、轉換、煉制，到基礎設施建設乃至油氣田的遺棄，在整個油氣鏈上提供增值服務，給予石油公司重要的技術、信息服務支撐。

5.2.2 跨國石油公司的併購歷程

資本運作一直貫穿於跨國石油石化公司整個成長過程中，為了實現業務結構的優化，縮短打造產品和市場及研發技術的漫長時間，維持壟斷地位，跨國石油石化公司一方面在跨國公司之間採取兼併、交換、合資、出售、收購等手段，一方面採用合資、獨資、收購等手段向發展中國家輸出資本和技術，占領新市場。從歷史發展來看，西方跨國石油公司當今雄厚的資本實力是歷史上多次併購的結果。

1. 20 世紀七八十年代

第一次世界大戰至 1973 年以前，石油公司的併購重組表現

---

[1] 胡國松，朱世宏. 現代國際石油經濟論 [M]. 成都：四川科學技術出版社，2009.

為西方石油公司在國家政治、軍事力量的支持下對發展中產油國展開開採權的爭奪。「石油七姐妹」（埃克森石油公司、英國石油公司、殼牌石油公司、德士古石油公司、海灣石油公司、美孚石油公司和加利福尼亞標準石油公司）通過一系列規模越來越大的併購案實現了綜合實力的跨越式發展。隨著產油國民族解放力量的壯大，各跨國石油公司在產油國紛紛發起的石油資源國有化浪潮中，失去了絕大部分上游資產，國際石油壟斷體系發生了重大變化。在這樣的背景下，通過企業併購，跨國石油公司可以迅速彌補上下游比例的嚴重失調，同時擴大自身的儲量資產和探區權益。

這一階段發生了多起併購案，涉及金額從20世紀80年代初的23億美元提高到20世紀80年代末的78.2億美元，並且在雪佛龍併購案中涉案金額達到134億美元（見表5-1），創下美國企業兼併的新紀錄。20世紀80年代大量併購案促成了國際石油市場的新一輪洗牌，石油資本集聚，石油行業的集中度大大提高。

表5-1　20世紀80年代國際石油公司的兼併與收購

兼併與收購時間	兼併與收購公司	被兼併與收購公司	兼併與收購金額（億美元）
1980年	太陽公司	德克薩斯太平洋石油公司	23
1980年	格蒂公司	儲備與天然氣公司	6.3
1981年	杜邦化學公司	康納科石油公司	78
1982年	西方石油公司	城市服務石油公司	40.9
1982年	鋼鐵公司	馬拉松石油公司	59.3
1984年	美孚石油公司	蘇比利爾	57
1984年	德士古石油公司	格蒂石油公司	101.3

表5-1(續)

兼併與收購時間	兼併與收購公司	被兼併與收購公司	兼併與收購金額(億美元)
1984年	加利福尼亞標準石油公司（雪佛龍）	海灣石油公司	134
1985年	英荷壳牌	美壳牌31%的股份	56.7
1987年	英國石油公司	俄亥俄標準石油公司45%的股份	78.2

資料來源：根據《現代國際石油經濟論》《石油公司併購與重組》等資料整理。

2. 20世紀90年代以來

從20世紀90年代開始，第五次公司兼併與收購浪潮在世界範圍內展開，石油企業也紛紛參與其中。在公司長遠戰略利益驅動下，包括埃克森石油公司、英國石油公司等在內的老牌石油公司，大中型綜合石油公司積極參與企業併購，有些併購規模已經達到數百億美元（見表5-2）。石油企業在併購過程中重新調整了業務結構，提高了競爭實力。1998年，埃克森石油公司以866億美元的天價兼併了美孚石油公司，成為至今世界上最大的私營石油石化公司，在能源與化工領域的多個方面位居行業領先位置。隨著21世紀初國際石油價格的普遍下滑，各大石油公司面臨越來越嚴峻的經營困難與競爭壓力，由大型石油公司為主角的併購轉向了以中型石油公司為主角的合併。菲利普斯石油公司與大陸石油公司於2001年通過股權交易方式合併后，成為繼埃克森美孚和雪佛龍德士古之后美國第二大石油公司。

通過一系列併購案例，世界石油市場格局發生了重大變化，市場上的「七姐妹」演變為「五巨頭」（埃克森美孚、英國石油公司、壳牌、雪佛龍德士古、道達爾菲納埃爾夫）。

表 5-2　20 世紀 90 年代國際石油公司的兼併與收購

兼併與 收購時間	兼併與收購公司	被兼併與收購公司	兼併與收購 金額(億美元)
1998.08	英國石油公司	阿莫科	563
1998.12	埃克森	美孚	866
1998.12	道達爾	菲納	466
1999.04	英國石油公司阿莫科	阿科	303
1999.04	雷普索爾	阿根廷 YPF	159
1999.07	道達爾·菲納	埃爾夫	511

5.2.3　跨國石油公司的併購特點

　　石油資源的全球分佈不均，以及自然壟斷的性質，決定了跨國石油公司通過資產贖買、產權運作獲得石油儲量是增加國際競爭力的必然選擇。跨國石油公司併購使世界石油市場的資源得以重組，從歷次跨國併購的過程來看，它呈現出以下一些特點：

　　第一，跨國石油公司併購在全球領域展開，涉及越來越多的不同國家、不同文化的企業。1998 年以前，美國是石油企業併購的中心地區，但 1998 年以後，跨國併購已經超越國界，歐洲、亞洲、美洲之間的併購頻頻發生。雖然歐美仍然是這一併購浪潮的核心，但其他發展中國家在兼併聯合方面的積極參與擴大了企業併購的涉及領域，幾乎觸及了世界各地區的主要石油石化公司。

　　第二，跨國石油公司併購業務呈現縱向、橫向規模化。一體化石油公司上游業務利潤比下游業務更高，而上游業務對油價波動非常敏感。1998 年國際低油價讓石油公司的利潤空間非常有限，因此跨國石油公司借助於外部資產機構進行戰略重組，

進一步整合下游一體化業務。對石油公司而言，橫向併購可以實現資本的迅速集中，達成併購后的規模效應，埃克森和美孚合併便是一個成功的例子。埃克森和美孚通過兼併，裁員減薪，重新進行業務結構設計並對管理結構進行調整，大大節約了短期成本。同時，上下游業務如石油勘探開發、原油生產煉化、設備製造等都得到鞏固和加強。上下游一體化，使其控制了眾多資源。擁有較強煉化能力的跨國石油公司面對油價的漲跌具有一定的抗壓性優勢。油價上漲將使其獲得更多的利潤；而油價下跌，它們也可以從煉化環節的成本降低中得到補償。而專門的石油公司和生產商只能從油價上漲中獲益，而以煉化為主的企業則在油價上漲中發生虧損。

第三，併購方式以合作和換股為主。1998年以來，世界石油石化公司的併購行為幾乎都較為順利，是經過雙方謹慎選擇、協商和洽談之後達成的。由於合作方式多以合作型和換股方式進行，這一輪石油併購活動並沒有產生巨額現金投放，也沒有對股市造成過大的影響。這一現象為今后的跨國併購提供了很好的經驗借鑑，以及可持續發展的良好環境。

第四，以強強聯合為特徵的戰略驅動型併購成為主軸。跨國石油公司的經營環境越來越面臨著更複雜多變的考驗。要建成經營業務全球化、技術創新能力先進化、管理模式優質化的大型跨國石油公司，需要對核心業務盈利能力、資產結構調整、成本降低等要素綜合考慮。而強強聯合的資產重組和業務結構調整，是提升石油公司綜合競爭力的重要捷徑。如埃克森與美孚的合併，使其一躍成為世界第一大石油公司，英國石油公司與阿莫科合併大大縮小了與埃克森、壳牌的差距。

5.2.4 金融危機後公司股權的交易動態

2008—2009年國際金融危機造成了世界範圍的經濟災難，

從發達國家到發展中國家均受到不同程度的衝擊。但同時，金融危機也為企業間併購、行業調整帶來千載難逢的良機，企業之間的併購成本大幅降低。上游領域油氣併購有很多種方式，可購買區塊，也可購買油田，可以獨資，也可以合資。通過股權收購的資本運作方式可以快速實現收購方對目標區域的介入，技術含量高，見效快。金融危機后，跨國石油公司進一步加快了全球資產整合的步伐，2010年是海外併購豐收年，全球上游併購數額同比增長16%（見表5-3、表5-4）。

表5-3　　　　2010年全球上游併購交易

	2009年	2010年	同比變化（%）
交易金額（億美元）	1,470	1,600	16
交易（項）	630	660	7

表5-4　　金融危機後跨國石油公司部分併購成果

時間	併購類型	併購效應
2009年	中國石油天然氣股份有限公司子公司收購新加坡石油公司45.51%的股份，並對新加坡石油公司其餘股票發出強制性有條件現金收購要約。收購規模為10.2億美元	新加坡石油公司業務範圍廣泛，經營原油及成品油碼頭輸送、分銷和交易等業務，擁有新加坡煉油公司50%的權益。此次收購對於中石油國際併購經驗累積、促進下游煉油和銷售業務發展而言具有重要意義[1]
2010年9月	韓國國家石油公司收購英國達納，收購規模達29億美元	此次收購使韓國石油生產占國內石油消費的比例首次突破10%，並使其海外石油開採業務延伸到非洲和北海地區
2011年3月	阿根廷泛美能源宣布收購埃克森美孚部分資產	此次收購使泛美能源形成了包括石油勘探、生產、煉制等業務的完整產業鏈，進一步鞏固了阿根廷第二大石油公司的地位

---

[1] 參考《中石油收購新加坡石油股權》，新浪財經，http://finance.sina.com.cn/focus/zsysgxjpsy/index.shtml。

表5-4(續)

時間	併購類型	併購效應
2011年3月	英國石油公司宣布6.8億美元收購巴西生物乙醇和食糖生產商CNAA公司83%的股份	英國石油公司在巴西的生物乙醇年產能從目前的約4.35億升提高到14億升。這次收購是英國石油公司迄今為止在替代能源領域最大的一筆交易
2012年	英國塔洛石油公司完成向中國海洋石油總公司和法國道達爾石油公司分別轉讓烏克蘭西部阿爾伯特湖區石油區塊33.3%的股權的交易	該項交易總價超過29億美元,中海油和道達爾各支付14.67億美元,將為烏克蘭財政帶來4.73億美元的資本所得稅收入。國際大型石油公司正式參與烏克蘭的石油開發,預計可帶來100億美元的投資

註:根據《外國石油公司動態》整理。

從地區分佈來看,北美地區是全球油氣資產併購最活躍的地區,2010年油氣併購金額超過800億美元,占全球45%,南美地區併購交易額超過450億美元,是2010年全球第二大併購交易區。由於常規油氣資源開採成本上升,交易中頁岩氣、油砂等非常規油氣資產交易活躍,甚至超過了常規油氣資產。在石油勘探環境逐漸惡化、油品品質不斷下降的背景下,非常規油氣資源將成為重要的能源補充。

5.3 跨國石油公司參與衍生業務交易

跨國石油企業涉足金融業的歷史已經由來已久,美孚、英國石油公司等都有自己的金融投資公司。20世紀70年代以來,世界匯率、利率等金融指標大幅度波動,對各國企業資產、負債產生了較大衝擊。同時,兩次石油危機造成的價格波動讓企業深受影響,為了進一步迎合石油及相關石油消費企業管理石油價格風險、控制成本、保證收益的需要,石油衍生品市場不

斷發展。

　　作為當今石油市場的重要行為主體，石油公司的經營模式隨著經濟、金融環境的變化而進行了相應調整。

　　第一，隨著衍生品市場廣度和深度的擴展，衍生品的使用目的逐漸多元化。一般而言，大型石油公司進入衍生品市場的重要目的是轉移因短期價格或利率波動造成的短期現金流風險，或者為公司重大經營項目進行融資。由於具備典型的規模經濟效應，大公司參與衍生品交易的比例很高。2009年國際掉期與衍生工具協會（ISDA）針對全球500強公司的調查顯示，92%的公司使用衍生品工具對沖面臨的風險。國際主要石油公司也紛紛參與金融衍生品市場和石油衍生品市場，採用期貨、期權、遠期、掉期等衍生工具規避金融風險。

　　第二，從跨國石油公司從事衍生品交易的形式來看，石油公司實物交易和衍生品交易由最初的松散聯繫發展到如今的一體化操作。衍生品的一體化操作可以更全面地評價商品衍生合約的實物交割和現金交割，同時也可以將商品供應合同與期貨合約結合起來，在商品供應合同中尋找套利機會，增加靈活性。石油公司將各種資源分配在勘探開發、期貨市場套期保值和各類金融衍生品投機中，降低了成本，獲得了投機利潤。

　　第三，跨國石油公司大量參與金融衍生品市場，並將其作為重要利潤來源。最初石油期貨、期權的出現，只是為了應對價格波動帶來的財務風險，很多石油公司將其用來對現貨交易進行套期保值，主要目的是保護公司預算、穩定庫存，而不是為了增加收益。而隨著外部石油市場與經濟形勢的變化，石油公司對金融衍生工具的使用不再只是為了規避產業發展中的價格風險，而是為了追求股東效益最大化、資產收益最大化而採取的發展策略。最近的20年，跨國石油公司涉獵金融業務的比例在不斷上升，金融業務成為重要的利潤增長點。跨國石油企

業參與金融衍生品交易、回購股票、股權交易等金融活動，交易方式日趨多元化，交易規模不斷上升。這一舉措不僅滿足了企業內部的融資需求，更成為企業獲取巨額利潤的重要來源。

從圖 5-1 中可以看出，包括埃克森美孚在內的五大國際石油公司在勘探開發方面的支出比例逐年降低，1993 年占總支出的 13.8%，到了 2006 年這一比例下降到 5.8%。與此相對應的回購股票開支比例却大幅度上升，從 1993 年占總開支的 1% 增加到 2006 年的 56%，增幅驚人。[①] 國際石油公司在非業務性支出上的投入越來越大，這說明國際石油公司憑藉其雄厚的資本運作能力獲取利潤的動機增強，借助市場機制，參與石油金融化過程，影響石油價格的同時從石油價格頻繁波動中獲益，實現了股東權益最大化。因此可以看出，私營石油公司在進行戰略目標實現的經營活動中，商業利益是其首要考慮對象。減少

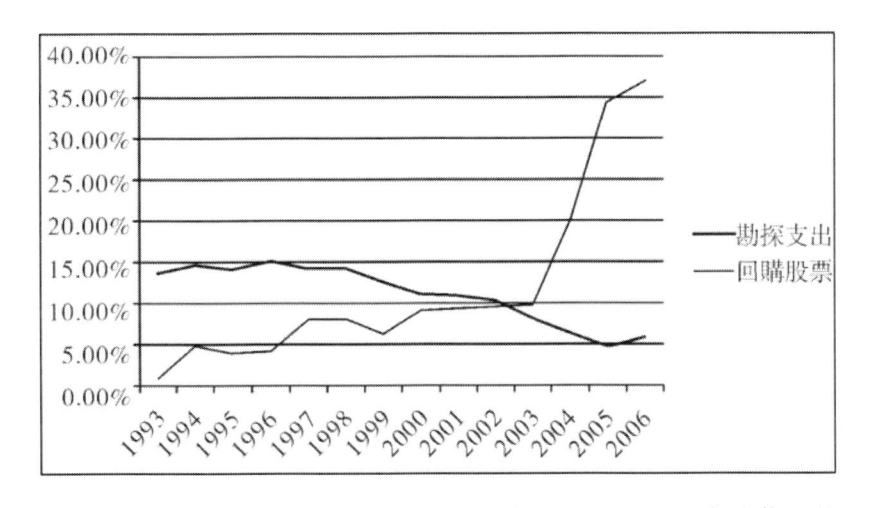

圖 5-1 美歐五家國際石油公司（埃克森美孚、雪佛龍、大陸菲利普、英國石油公司和壳牌公司）的勘探開發與回購股票支出比例變動

資料來源：孫溯源，《國際石油公司研究》，2010 年。

---

① 孫溯源. 國際石油公司研究 [M]. 上海：上海人民出版社，2010.

石油勘探，不積極尋找油源有悖國家政策目標，却符合公司受益最大化的原則。因為對跨國石油公司而言，雖然增產投資可以增加產量，但是這一舉動的邊際收益遠遠不如將資金投向回購股票和股票分紅。在不增加產量甚至減少產量的情況下，石油公司依然可以獲得成倍上漲的利潤，這就弱化了資本用於石油勘探開採的動機。

從壳牌公司的財務報告（見圖5-2）中可以看出，2007—2008年，公司收入的增長遠遠超過了上下游投資支出的增長，而同期支出的結構特點是金融性業務支出有了較大幅度的提升。2008—2009年，由於受金融危機的影響，上下游投資支出急遽下降，而金融性業務支出却大幅度提升，由此帶來的金融性利潤收入彌補了產能縮小帶來的損失，總收入反而呈現上漲趨勢。2008—2009年，上下游投資支出同比上升，但金融業務萎縮，總收入又陷入下跌趨勢。可以推測，跨國石油公司盈利水平與金融業務的營運能力有很大的關聯性。

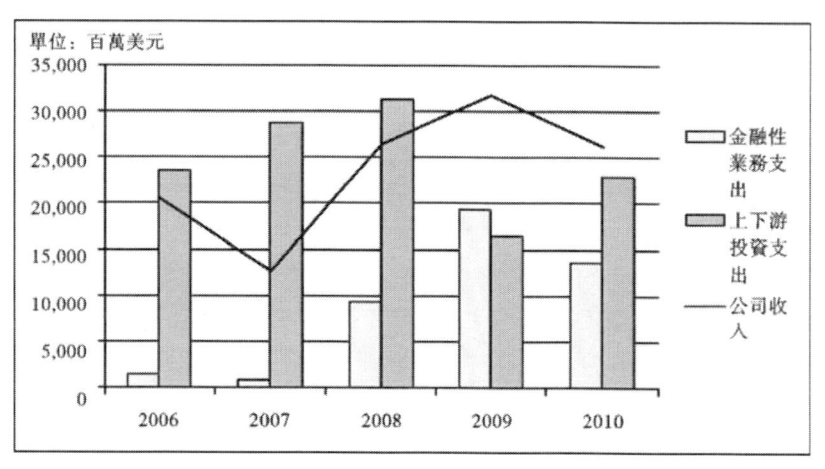

圖5-2　壳牌公司2006—2011年金融性業務支出

數據來源：根據壳牌石油公司年度報告整理。

從壳牌公司2005—2009年盈利水平與原油銷售走勢圖（見圖5-3）中可以看出，在2005—2008年高油價的刺激下，壳牌公司原油銷售量沒有上升反而下降，但公司盈利水平却有了較大幅度的提高，這也許可以歸功於油價上漲帶來的超額利潤。但是，經歷2008年油價暴跌后，2009年與2006年油價相當，原油現貨均價在60美元左右（見圖4-18），從2005年到2009年原油銷售數量下跌了20%，而公司盈利却下跌了近60%。除了公司其他生產經營性活動損失外，次貸危機期間參與金融市場引發衍生品交易損失也是重要的原因之一。

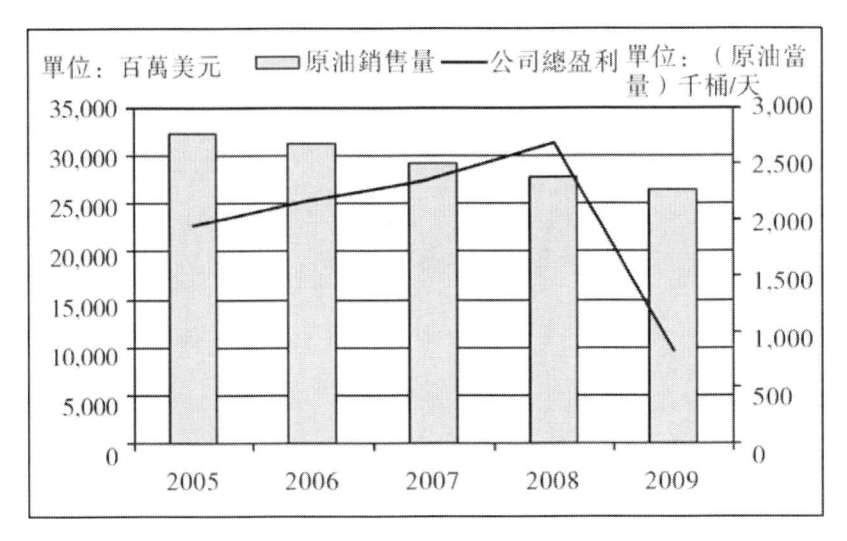

圖5-3 壳牌公司2005—2009年公司盈利與原油銷量走勢

6 石油金融化趨勢之三——石油市場組織關係金融化趨勢

6.1 實體交易市場向「虛實結合」交易市場轉變

國際石油市場已不再是簡單的貨物交易市場,而是與貨幣市場、外匯市場、期貨市場、衍生品市場聯動成為複合的金融體系,擴大了傳統石油市場的外延和內涵。從國際經驗來看,現代石油市場由現貨市場、遠期市場、期貨市場、以期權和調期為核心的場外交易市場(OTC)構成,從「實貨」市場向「紙貨」市場轉變,形成「虛實結合」的多層次市場格局。

6.1.1 主要現貨市場佈局

現貨市場是現貨買賣交易的場所,石油現貨貿易是國際貿易中最大宗商品品種,2010年,全球石油年產量約為39億噸,遠遠超過玉米等農產品期貨品種。由於石油在全球的儲藏分佈不均,石油主要生產國和消費國的分離,石油進出口貿易量較大,大量石油進入國際市場流通。現貨市場的形成一般都需要具備很大的煉油能力、庫存能力和吞吐能力。目前世界上最發

達的現貨市場主要有以荷蘭鹿特丹為中心的西北歐市場、以新加坡為中心的新加坡市場、以美國為中心的北美市場等。

1. 西北歐市場

西北歐市場分佈在阿姆斯特丹—鹿特丹—安特衛普地區（ARA），是歐洲兩個現貨市場中較大的一個，主要為歐洲五大國中的德國、英國、荷蘭、法國服務。這一地區集中了西歐重要的油港和大量的煉油廠，原油以及油品主要來源於蘇聯，來自蘇聯的粗柴油占總供應量的50%，另外還有來自北海油田的原油和ARA地區的獨立煉油廠的油品。

2. 地中海市場

該市場分佈在義大利的地中海沿岸，供應來源是義大利沿海岸島嶼的獨立煉油廠，另外還有一部分經黑海來自蘇聯。地中海市場比較平穩，是這一地區的重要油品集散地。

3. 加勒比海市場

該市場是一個較小的現貨市場，但它對美國與歐洲的供需平衡起到了很重要的調節作用。該市場的原油以及油品主要流入美國市場，但是如果歐美兩地差價很大，該地區的油品及原油就會流入歐洲市場，尤其是柴油和燃料油。

4. 新加坡市場

這是發展最為迅速的一個市場。儘管只有十幾年的時間，但它已經成為南亞和東南亞的石油交易中心。它主要供應來自阿拉伯海灣和當地新發展的煉油廠所生產的油品。最近幾年，隨著中東地區煉油能力的不斷提高，越來越多的石油產量湧入亞太地區，這使得新加坡石油市場的貿易量及其作用在世界石油貿易中越來越大。

5. 北美市場

美國是世界石油消費大戶，儘管美國的石油產量在世界上排名第三，但每年仍要進口大量的原油，於是在美國瀕臨墨西

哥灣的休斯敦及大西洋的波特蘭港和紐約港形成了一個龐大的市場。在1982年美國政府放寬對石油價格的控制以後，美國石油現貨市場得到快速發展。

6.1.2 多層次交易市場快速發展

20世紀80年代後，石油現貨市場的繁榮推動了石油多層次市場的快速發展，石油實貨市場逐漸向紙貨市場演進。

首先，期貨市場交易規模不斷擴大，發展至今全球最具實力的石油期貨交易所包括：①紐約商品交易所。紐約商品交易所已有130多年的歷史，是目前世界上最大的商品交易所。該交易所已經成為世界上的能源、銅、鋁等產品的現貨和期貨價格風向標，在世界貴金屬以及能源市場中占據著重要地位，發揮著價格發現和風險規避的重要作用。②倫敦國際石油交易所。倫敦國際石油交易所成立於1980年，是世界第二大能源期貨和期權交易所，是歐洲最重要的能源期貨和期權交易中心。1981年4月推出的重柴油期貨交易（歐洲第一個能源期貨合約），上市后交易量一直穩步上升。1988年6月倫敦國際石油交易所推出國際三種基準原油之一的布倫特原油期貨合約，獲得巨大成功，從此北海布倫特原油期貨也成為國際油價的基準價之一。2001年6月，倫敦國際石油交易所被美國的洲際交易所（ICE）收購，倫敦國際石油交易所成為洲際交易所的全資子公司。③東京工業品交易所（TOCOM）。東京工業品交易所成立於1984年11月1日，先後與東京紡織品交易所、東京橡膠交易所和東京黃金交易所合併。從創立至今，東京工業品交易所經歷了快速的市場擴張期，已經成為世界上最大的鉑、汽油、煤油和橡膠期貨市場，以及黃金的第二大交易市場。

其次，交易所市場和場外交易市場良性互動是石油衍生品市場發展的關鍵。比如，當石油價格波動較大的時候，由於生產商和消費者對理想的成交價格有不同的觀點，在背對背的互

換交易中，中間人如投資銀行無法為進行價格風險管理的生產商、煉油商找到相應數量的消費者做交易對手。這時候就可以在期貨交易所賣出一定的石油期貨以抵消未匹配互換頭寸風險。一旦交易對手找到，即對其賣出頭寸進行平倉。交易所高流動性的合同使互換交易者能夠倉儲頭寸，管理組合的不平衡性，承擔管理基差風險。紐約商品交易所和倫敦國際石油交易所期貨和期權合約中相當一部分未結清頭寸是由場外交易市場的互換交易者持有的。在石油衍生品市場扮演重要角色的大石油公司如英國石油，美孚等都是紐約商品交易所會員，場外交易市場的成功促進了交易所的繁榮。

2005年來，全球場外交易市場規模快速擴大，增長速度遠遠超過了1998—2003年的增幅（見圖6-1）。石油場外交易市場沒有固定、集中的交易場所，以期權和掉期為核心，包括EFP（期貨轉現貨）、EFS（期貨轉掉期）及CFD（差價合約）交易機制及其他很多複雜的結構化產品。相比交易所交易而言，場外交易為規避特定風險的需求者提供了個性化的石油衍生產品，可滿足不同交易者的多元需求。

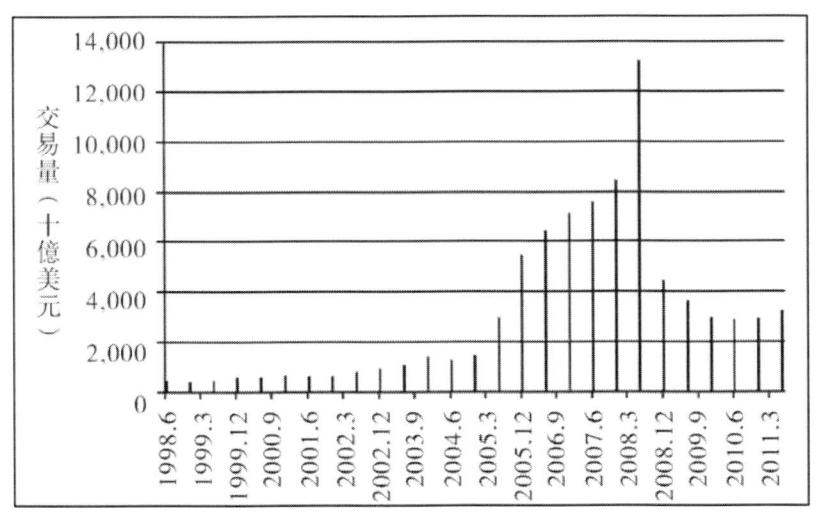

圖6-1 1998—2011年OTC交易中商品合約交易金額

6.2 石油金融市場組織形式的多元化發展

6.2.1 石油基金規模及影響力擴大

近年來，國際石油基金在金融市場和石油市場上扮演了重要角色，不論是石油產業的融資，還是金融市場的衍生品交易，都有石油基金活躍的身影。石油專業投資基金簡稱石油基金，是一種用於石油專業投資的新型基金。其運作與共同基金相類似。石油基金是國際石油金融市場的重要組成部分，主要可以分為三類：

一是石油產業投資基金，主要目的是為建立風險勘探、油田開採權的收購、精細化工的投資、重大項目評估等提供專項基金，為企業集團長遠發展提供重大項目的啓動資金，力爭以控制和獲得油源等高附加值項目為主，為中長遠期戰略做基礎性鋪墊。在外部宏觀市場環境惡化的時候，產業投資基金可以有效緩衝資金鏈斷裂對生產經營活動的負面衝擊。2009 年，巴西國有石油巨頭巴西國家石油公司、巴西 3 家國有銀行和 HSBC 控股公司（匯豐銀行）擬組建幾個旨在向石油服務公司和設備製造公司提供資金的基金，規模約為 15 億美元。組建這些石油服務基金的主要目的是減輕全球信貸危機對本國石油鑽機和油輪製造商，抽油泵、油管以及諸如地震測量石油服務供應商的影響。①

二是石油投資基金。與產業基金不同，石油投資基金主要

---

① 佚名. 巴西國油與銀行組建15億美元石油服務基金 [EB/OL]. [2009-2-20]. http://www.gongkong.com/Common/Details.aspx？Type＝mknews&Id＝20090219131615000002.

目的是中短期投資的高額回報與資本累積。石油投資基金由專業機構，在國際金融市場與石油衍生品市場之間進行投機操作，根據市場上匯率、利率、股票、油價、債券等相關標的合約價格波動差價來尋求收益最大化組合方式。石油投資基金交易方式具有期貨交易特點，如高杠杠、買空賣空、通過特定交易策略從價差中獲利等。同時，石油投資基金還可以在期貨市場為石油及相關製品現貨進行套期保值交易，鎖定經營成本，規避價格風險，也可以在金融市場上進行外匯、利率的套期保值和期權交易，保障交易貨幣幣值的穩定。

三是石油綜合投資基金。石油綜合投資基金是連接產權市場和資本市場的有機聯絡體。該基金往往以全球視角，一方面為產業項目及投資提供更多增值機會，為產業投資保駕護航；另一方面進行資本營運，在虛擬市場上尋求資本市場分紅以及價差收益。基金的多維運作使得石油基金持有人的投資收益實現最大化。石油綜合基金的資金來源既可以是私募，也可以是公募（政府、商業行會等），是資金轉移到投資基金帳戶下的一種委託投資管理方式。近年來，除了來自政府、機構投資者等提供的專項基金（石油基金）外，國家石油基金的規模也在不斷擴大。如韓國石油基金，規模達 100 億美元；新加坡石油基金，規模達 2,000 億美元；挪威國家石油基金，規模已達 4,000 億美元；俄羅斯穩定基金，規模達 1,630 億美元。國家石油基金在金融市場上的運作直接影響到本國石油產業的發展，同時也在一定程度上影響到國際金融市場、石油衍生品市場的走勢，對石油價格具有很強的影響力。[①]

石油產業基金中的投資基金和綜合基金廣泛參與國際金融

---

① 黃運成，馬衛鋒，李暢. 中國石油金融戰略體系構建及風險管理 [M]. 北京：經濟科學出版社，2007.

市場，利用金融市場中的價差收益對資產進行保值、增值。石油產業資本通過與金融資本的融通，實現了對石油勘探開發產業發展的支撐與石油工業現金流的風險控制，同時又能借助金融市場、金融工具滿足良好的收益性需求。

6.2.2　石油金融市場交易模式靈活多樣

石油是一種重要戰略物資，石油價格對國際政治、經濟形勢變化十分敏感，巴以衝突、美伊戰爭、委內瑞拉罷工等事件給石油價格波動提供了較大的空間，石油生產商、貿易商、加工商直接面臨石油價格波動風險，利用期貨市場規避風險的需求不斷上升。但是不同的客戶身處不同的客觀環境，面臨不同的條件制約，需要更多個性化的交易方式。目前石油期貨已經發展出比較靈活的交割方式，既可以實物交割，又可以現金交割，給交易者提供了極大的便利。美國紐約商品交易所（NYMEX）的取暖油期貨、WTI原油期貨由於與現貨市場非常接近，因此多採用實物交割。倫敦國際石油交易所（IPE）的布倫特原油期貨合約採用實物交割與現金交割相結合的方式。日本、新加坡推出的中東原油期貨由於遠離現貨市場，實物交割比較困難，則採用現金交割方式。英國布倫特原油期貨的交割方式中配有期貨轉現貨（EFT）和期貨與現貨掉期（EFS）方式。日本汽油期貨合約增加了協商交割和聲明交割等方式。這些使投資者在交割過程中更靈活自主，進一步又促進了石油金融市場的繁榮發展。

6.3　國內石油戰略向國際石油金融戰略轉變

石油在全球的非均衡分佈和各國對國內石油安全的密切關

注，決定了國家由自主開發國內石油資源向積極介入國際石油市場發展的必然趨勢。國家成為維護本國石油安全的主體，並以不同的利益代表形式進入國際石油市場，為獲得本國最大利益而與其他國際石油經濟主體進行競爭與合作。

6.3.1 OPEC 與 IEA 的博弈

在國際石油經濟關係中，經濟活動運行的主體是個人、企業和國家集團，經濟活動主要集中在商品、勞務、服務、信息等產業的交流上。一方面，國際石油經濟活動共同遵守國際慣例和國際條約；另一方面，作為一種重要物資，石油事關國家經濟安全，各個國家都會制定有利於本國的石油外交策略與國內政策法規。在各國追求自身利益最大化的行為模式中，必然會產生矛盾，摩擦和衝突在所難免。當今國際石油市場上，最突出的兩類石油利益組織是以產油國為代表的歐佩克石油輸出國組織和以發達消費國為代表的國際能源署（IEA）。

歐佩克是海灣產油國為抵制二戰后西方發達國家的跨國石油公司對全球石油市場的壟斷，以及對中東油氣資源的盤剝而發起設立的，旨在協調和統一相互間的石油政策，並確定以最適宜的手段來維護各自共同利益的國際石油經濟貿易組織，於1960年成立於伊拉克首都巴格達。中東國家壟斷了全球一半以上的石油資源，通過增減產量、配額制度等措施對國際石油市場的供求平衡起到無法替代的作用。歷史上兩次重大石油供給危機都發生在這一區域。歐佩克組織在國際事務上擁有一定的發言權，且態度日益強硬。

國際能源署是第一次石油危機后由美國倡議成立的以西方工業國為主的能源方面的國際協調機構，於1976年成立，總部設在巴黎。它的宗旨就是在公平合理的基礎上保障石油供應安全。具體措施包括：第一，設立了緊急問題常設小組，專門負

責並處理緊急情況下的石油供應問題，並與國際石油產業界和各成員國政府進行協調，共同進行應急回應。第二，國際能源署建立了國際石油市場信息系統。它規定各個成員國有義務提供石油產業的相關企業有關公司治理和財務結構、投資、合同、生產指標、股票的信息，以及原油和成品油貿易流量以及價格等信息，並將這些信息匯編后在各成員國之間進行交流。同時，國際能源署還定期發布國際能源領域的相關研究報告，包括每月一次的石油市場報告、一年一次的全球能源展望。廣泛的國際能源情報系統，讓成員國共同分享有關信息，提高決策水平。第三，國際能源署在建立國際能源合作機制方面取得了很大的進展，如設立了與石油生產國和其他石油消費國關係常設小組（SPA），加強了兩者之間的對話和合作；通過建立石油公司的協商機制，在石油工業領域發揮了更加積極的作用；通過開展長期合作計劃，加速替代能源、新能源、節能減排等領域的研發和技術推廣，以減少對石油的依賴。兩次石油危機后，國際能源署運作機制越來越成熟，對國際石油市場的影響力也越來越大。國際能源署通過釋放石油儲備來影響石油市場。迄今為止，國際能源署共有四次準備動用和三次動用石油儲備的情況，對穩定市場、平抑油價起到了一定的作用。

  雖然歐佩克與國際能源署在國際石油市場中發揮著重要的穩定作用，但兩者在判斷石油市場基本面上存在很大的分歧，國際能源機構和歐佩克的博弈逐漸表面化。兩大機構在判斷石油市場走勢、石油價格走勢上存在很大的差異。西方發達國家認為市場供求矛盾是高油價的根本原因，敦促歐佩克增產，抑制油價。而歐佩克認為近年來的高油價是投機資本推動，並不存在供給不足的問題。又如 2011 年國際能源署釋放石油儲備，因為石油消費國認為下半年的石油需求季節性高峰以及新興市場的需求上升會導致供應不足。而歐佩克修正了這種看法，認

為歐元區主權債務危機持續惡化,主要經濟體表現不佳將使世界經濟復甦勢頭放緩,國際原油的需求量將下降。除了市場判斷存在差異外,兩大石油組織在考慮油價「合理水平」時的趨利性動機也有很大區別。如國際能源署作為美國利益的代言人,將 2011 年油價控制在較低的水平,以控制國內通脹,為接下來的經濟刺激計劃作準備。而歐佩克產油國的石油收入是其財政收入的主要來源,面對日益增長的社會福利支出,維持高價是其利益導向下的必然選擇。此次 2011 年國際能源署的釋放儲備被看成對歐佩克的警告。兩者之間的分歧影響到國際石油市場的協商機制的穩定發展,也是未來石油市場不穩定因素的來源之一。

由於發展中消費國至今還沒有代表自身利益的可以與歐佩克及國際能源署抗衡的石油經貿組織,在國際石油經濟事務中的發言權式微,國際石油市場的主要引導者依然在歐佩克產油國與西方發達國家手中。兩大石油組織缺乏互信合作,將使矛盾推向國際石油市場,並轉化為風險。英國石油公司首席分析師赫里斯托夫警告說:「油價上漲的最大風險來自歐佩克和國際能源署之間曠日持久但毫無結果的消耗戰。」

6.3.2 國家外匯儲備與石油資產的結合

6.3.2.1 外匯向石油儲備轉化

與 20 世紀兩次石油危機下的油價上漲不同,2002 年以來國際原油價格持續上漲,由 2002 年年初的 19 美元/桶上漲到 2008 年 7 月的 147 美元/桶,油價上漲了 6 倍。以 2010 年美元價格計算,原油價格水平與 1978 年石油危機價格水平相當,但影響力已經大大減弱(見圖 6-2)。2002 年到 2007 年的高油價期間,全球經濟依然保持快速增長,並未使發達國家陷入嚴重的通脹和經濟衰退,油價上漲對發達國家經濟增長的衝擊有逐漸減弱

的趨勢（見圖6-3、表6-1）。

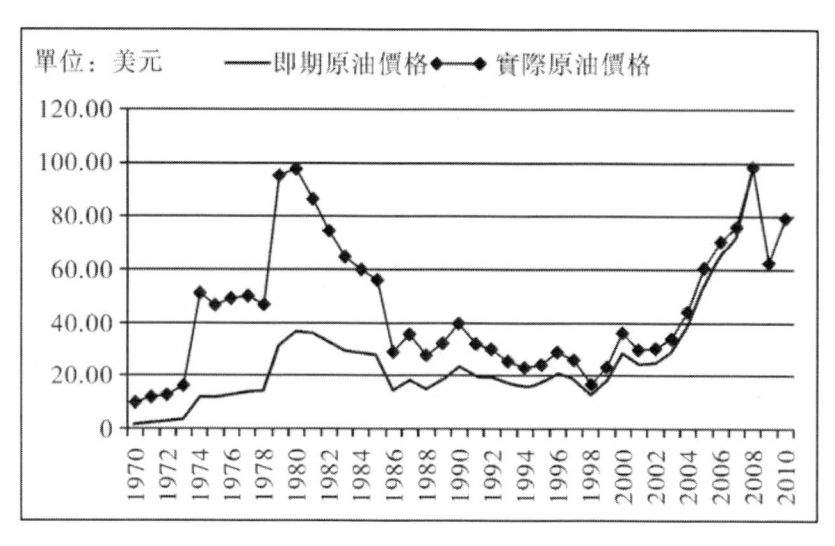

圖6-2　1970—2010年原油價格走勢圖

註：原油價格1970—1984年為在拉斯坦努拉港口發布的阿拉伯輕質原油價格；1984年以后為布倫特原油價格，以2010年美元計價。

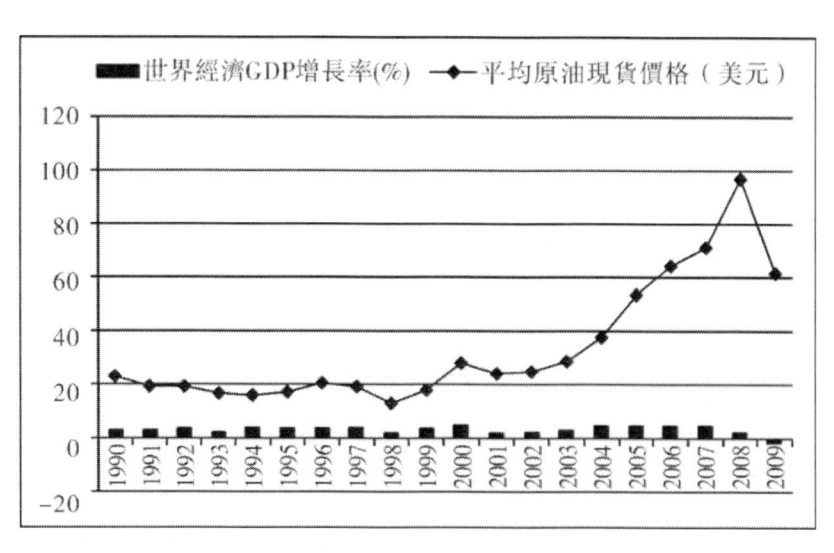

圖6-3　1990—2009年世界經濟增長率與原油現貨價格走勢圖

註：平均原油現貨價格根據迪拜、布倫特、西德克薩斯中質油計算。

表 6-1　原油價格變化對發達國家經濟增長的影響

時段	原油價格（美元/桶）				對發達國家影響
	初始價格	最高價格	上漲	增幅(%)	GDP 增長（%）
1973—1974 年	3.3	11.6	8.3	252	-2.6
1978—1980 年	12.9	35.9	23.1	179	-3.7
1989—1990 年	17.9	28.3	10.4	58	-0.2
1999—2000 年	18	28.2	10.3	57	-0.4
2003—2004 年	28.9	37.3	8.4	29	-0.3

數據來源：《國際貨幣基金組織金融報告（2005 年）》。

油價高漲對國家經濟的衝擊減弱，其中一個重要原因是，在新世紀裡，增加戰略儲備已為各大石油消費國所重視。特別是一些純消費國如日本，一些淨進口大國如中國、印度等都十分重視建立戰略儲備設施，建立戰略儲備管理體系，以應付石油供應的不測因素。[①] 石油儲備體系的建立需要龐大的資金量，因此需要國家進行金融籌資，石油儲備戰略往往和金融戰略結合在一起。日本作為石油消費大國，本國資源極其匱乏，但其石油儲備天數卻居世界前列，同時日本又是一個外匯儲備大國，其石油—外匯儲備的轉化顯示出一國對金融—石油資產佈局的重大戰略舉措。

日本以政府主導的形式，利用豐富的外匯儲備資產積極建立戰略石油儲備，搭建石油與金融的安全網。從 2008 年的排名來看，日本外匯儲備與石油儲備均位於全球第二（見表 6-2、表 6-3）。2003 年日本政府提出以 75 億美元的外匯資金協助俄羅斯開發新西伯利亞油田，以此為誘餌促成了「安納線」的項

[①] 安尼瓦爾阿木提，張勝旺. 石油與國家安全 [M]. 烏魯木齊：新疆人民出版社，2003.

目落成，最終導致中國計劃十年之久的「安大線」夭折。日本政府還通過開徵石油稅，設立石油專用帳戶，解決石油儲備需要的巨額資金。

表 6-2　世界各國石油戰略儲備情況（截至 2008 年）　單位：天

國家	總儲備	政府儲備	民間儲備
美國	158	53	105
日本	169	90	79
德國	127	95	32
韓國	74.5	29.7	44.8
中國	35	14	21

資料來源：環球能源網。

表 6-3　　世界外匯儲備數量及其排名情況

（截至 2008 年 10 月）　單位：百萬美元

排名	外匯儲備量	國家或地區	排名	外匯儲備量	國家或地區
1	905,600	中國	6	260,500	韓國
2	1,003,836	日本	7	197,209	巴西
3	548,100	俄羅斯	8	177,629	新加坡
4	316,200	印度	9	160,700	中國香港
5	286,860	中國臺北	10	143,942	德國

數據來源：中華網。

6.3.2.2　外匯購買海外油氣資產

外匯是一國保有的金融資產，石油是一國視為戰略資源的物質資產，在具體國情下，兩者之間的相互轉化可以有效調配資源，提高金融資產的靈活運用能力；另外可通過對石油資產的購置加大石油儲備能力，加強石油安全網的構建。

1978年，中國正逢改革開放初期，外匯資金緊缺，於是在1978年2月與日本簽署了中國和日本長期貿易協議，約定在未來8年1978—1985年裡向日本出口大約5,000萬噸原油。中國政府用石油換外匯，扭轉了中國外匯儲備資金緊缺的局面，為中國改革開放實現經濟穩步增長提供了資源和保障。如今中國外匯儲備持續上升並超過3萬億美元，已經成為世界外匯儲備大國。為了應對國內不斷上升的石油需求，中國已經轉變了資產管理方式，用外匯建立石油儲備，購置海外石油資產，以資產換石油取代了石油換外匯的傳統模式。在對外直接投資中，中國對大宗商品資產海外投資數額巨大，如在非洲和拉美國家的累計投資額分別超過了130.3億美元和438.75億美元。除了中國以外，印度也加大了海外資產儲備的步伐。2008年，外匯儲備排名第五的印度累計投資於俄羅斯「庫爾曼加茲」油田32億美元。這一項目也成了印度為了獲得穩定的石油供應，而在國外的最大一筆投資。

7 石油金融化推動因素分析

7.1 石油資源稀缺性預期

雖然石油並沒有真正出現供給短缺，但石油稀缺性預期大大影響著金融市場與石油市場的未來走勢。近年來國際石油市場的石油定價機制出現了一個非常明顯的轉變趨勢，就是從傳統的石油稀缺性/替代型、邊際生產成本和供需關係決定價格，慢慢轉向由期貨市場心理感知決定價格。儘管從長期來看，傳統的石油定價機制還在起作用，但它已經無法解釋今天石油市場與金融市場一體化背景下的石油價格形成機制。

7.1.1 石油「峰值」情緒增加

7.1.1.1 「石油峰值」的起源

20世紀廉價石油對經濟的快速發展做出了巨大貢獻。20世紀40年代至20世紀80年代，世界每年探明的石油儲量遠遠高於每年石油的開採量，石油被廣泛用於現代科技、交通、化工等重要產業，支撐了戰後世界經濟的快速增長。20世紀90年代后，新的石油探明儲量銳減，並出現了探明量低於消耗量的情況。對於近年來的石油價格上漲，人們提出了很多種理由，但

這些理由都有一定的短期性和偶然性，不足以解釋過去石油價格長期持續上漲的原因。「石油峰值」被認為是導致近年來高油價的元凶之一。「峰值論」最早為美國地質學家哈伯特提出。1956 年，哈伯特大膽預言美國石油產量將在 1967—1971 年達到峰值，以后便會下降。當時美國的石油工業蒸蒸日上，他的這一言論引來了很多批判和嘲笑，但后來美國的確於 1970 年達到石油峰值，歷史證明了他預測的準確性（見圖 7-1）。

圖 7-1　1900—2010 年美國原油產量圖

峰值理論認為，從自然規律來看，石油油藏的總生產率呈現「鐘形」曲線波動。完全開發的油田將達到產量峰值，這標誌著油田成熟期的到來，隨后產量將逐漸開始回落。這一特點在阿曼所有油田的生產中得以體現，阿曼油田在 1997 年達到產能峰值[①]。另外一個經典預測是愛爾蘭地質學家坎貝爾在 1998 年，當時還處於低油價時期，在美國雜誌上發表的論文《廉價

---

① HABBERT M K. Techniques of Prediction as Applied to the Production of Oil and Gas [M]. Oil & Gas Supply Modeling National Bureau of Standards Special Publication，1982.

石油的終結》。

石油峰值理論最初提出的時候遭遇了很多爭論，在石油廉價和充足供應的時期也未得到重視。隨著油價的不斷上漲，越來越多的研究機構和專家對石油峰值進行研究，峰值到來以及高油價將長期存在的理念已經得到越來越多的認可。

峰值論的支持者認為，根據來自國際能源署的對全球800多家油田的調查數據，世界範圍內很多大型油田產量正在以遠遠超出之前預期的速度下降，產能已經過了最為旺盛的黃金時期。另外全球大約66個國家的石油產量已經跨越峰值，包括美國、英國、挪威和印度尼西亞。世界上大部分的油田已經處於成熟期，產量開始遞減。印度尼西亞和阿曼的生產率已經低於前幾年的水平，即使是科威特也出現了石油產量下滑的初步徵兆。國際上很多能源研究機構如石油峰值研究會（ASPO）、劍橋能源協會（CERA）、HIS能源組織、PFC能源組織等都形成共識，石油資源是有限的，世界石油峰值必然會到來，只是它們對到來的時間和峰值的數值還有分歧。坎貝爾曾認為，石油峰值在2010年左右到來，后來他將這一事件修正為2007年，劍橋能源協會（CERA）認為科技進步會提高石油產量，石油峰值將在2030年以後到來。[1]

而石油峰值論的反對者認為，北極、深海都存在人類可以利用的大量石油資源，並且還存在非常規油氣資源有待開發利用，技術進步也會促使石油利用效率提高，打破峰值預言。中國能源網研究中心專家委員會委員張抗指出，20年來，世界石油儲產量增長勢頭被人為壓低了，歐佩克在20世紀80年代中期一直人為降低已開發油田產量，這一主流政策持續至今。從石

---

① 童媛春. 石油真相 [M]. 北京：中國經濟出版社，2009.

油地質看，全球油氣儲量仍然有很大的增長潛力。[1]

如果說學術界攻擊石油峰值論是不同學術觀點之間的爭論，那麼來自世界石油巨頭的觀點則體現了自己的利益。埃克森美孚石油公司的高級主管馬克諾蘭認為，全球擁有豐富的常規可開採石油儲量，加上對重油等非常規石油的開採，距離石油末日還很遙遠。2006年，沙特阿拉伯國有企業、世界最大的石油公司沙特阿美石油公司CEO阿卜杜拉‧局馬認為，世界擁有5.7萬億桶可開採原油儲量，而當前只開採了1萬億桶石油，約占總量的18%。以目前的開採速度，全球還有100多年的充足原油儲量。歐洲第二大石油公司——英國石油公司首席經濟學家彼得‧戴維斯表示：「我們認為不存在絕對的資源極點。」石油生產商出面駁斥石油峰值論，原因在於，雖然油荒會推高油價，讓石油企業獲得更加豐厚的利潤，但是一旦確定世界石油確實面臨枯竭，各國必然更加快節能措施的實施和替代戰略的研發，到時候石油企業將受到重創。

7.1.1.2 「石油峰值」的現實表現

大多數科學家認為，石油產量的頂峰要麼已經過去，要麼會在未來的10~15年內來臨。不管峰值何時到來，可以肯定的是，石油是不可再生資源，全球新油田的發現和石油供應的增長是有限的。從目前公開的數據看，全球80%的石油產量主要來自1973年前發現的300多個大油田，全球石油發現率的高峰期是在20世紀60年代，自此以後探明儲量增長率逐步下降（見圖7-2）。大部分石油都儲藏在大型油田裡，而這部分油田由於儲量巨大已經早被開發，只占全球已發現油田總數1%的大型油田就容納了全球已探明儲量的75%，只占全球已發現油田總數3%的大型油田容納了全球已探明儲量的94%。種種跡象表

---

[1] 張抗. 從石油峰值論到石油枯竭論[J]. 石油學報，2009，1.

明，我們已經處於石油開發的衰退期。

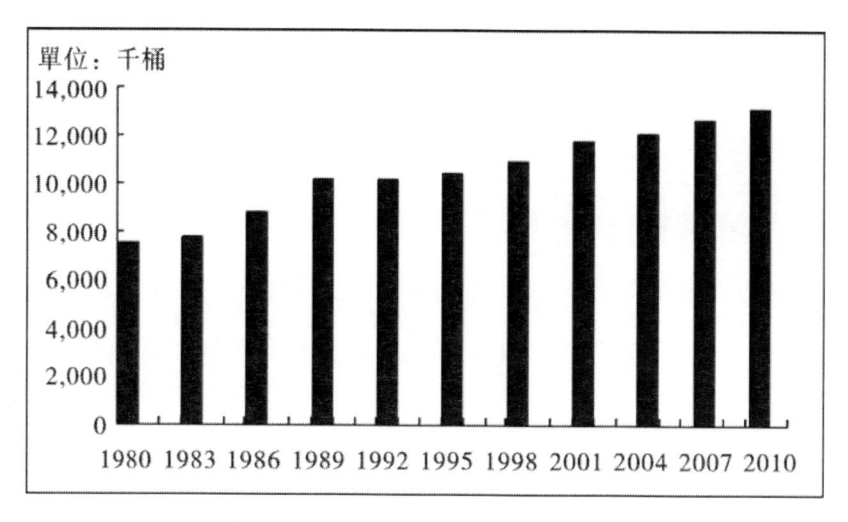

图 7-2　世界石油探明儲量變化

數據來源：根據英國石油公司 2011 年能源年鑒整理。

人們對石油耗竭性特徵的關注開始與日俱增。與歷史上石油危機導致的油價暴漲不同的是，歷史上的產量下降都只是暫時的，但是石油峰值的到來，石油產量的下降將是非主觀因素造成的，並且是持久性的，如果再加上戰亂、氣候異常等其他因素，石油產量將大大減少。在這樣的石油稀缺性預期下，由於公眾真實信息的不可獲得性，金融資本具有了題材炒作的契機，一旦現實環境出現風吹草動，不管供求關係在現實中是否已經脫節，對石油稀缺性預期的恐慌心理必然會在期貨市場加倍地反應出來，加劇期貨市場的波動。

這種狀況可以解釋近年來跨國石油石化企業勘探開發支出比例在不斷下降，相反金融資產管理業務卻異常活躍的原因。跨國石油利益集團熱衷於在金融市場、石油期貨市場通過投機套利獲取高額利潤。同時，獲取石油資源的成本與 20 年前相比大大提高，跨國石油公司更傾向於選擇戰略聯盟方式，以併購、參股的途徑直接獲得油氣資產，而不採用綠地投資或者合作開

發的方式。

7.1.2 投資重建產能成本上升

7.1.2.1 勘探開發成本提高

石油作為不可再生資源，在產量達到峰值並轉入下降通道後，易開採、低成本的石油資源越來越少，勘探開發的環境越來越複雜，難度越來越大。即使能夠開採到更多的石油，勘探開發成本也將大幅度提升。

對於國際石油公司而言，外部競爭環境更加嚴峻了：一方面全球石油需求持續增加對供給能力提出了更高的要求；另一方面資源國民族主義浪潮興起，3/4 的已知儲藏已經被國有石油公司控制（歐佩克或其他機構），資源富集地區進入門檻大大提高。大型國際石油公司不得不將觸角從淺海地區滲入了作業環境更加惡劣的深海地區，轉向成本更高的油砂和深水的開發投資，因此增加了成本和項目投產所需要的先期時間。

全球 1990 年至 2005 年深海地區石油發現量從 10%以下上升到近 60%（見圖 7-3）。深海作業對鑽探技術要求更高，同時也將耗費更多的人力、物力資源，提高了開發成本。2004 年 10 月至 2006 年 10 月，全球範圍內上游油氣項目勘探、鑽井和生產成本增加了 53%，海洋鑽機費用增加了 3～4 倍。作為非常規油氣能源——油砂，其開採成本極其昂貴，必須通過加熱和提純轉化為原油，再進一步提煉成石油衍生物。牛津大學能源研究中心認為，油砂的生產成本高達 85 美元/桶，比石油平均成本 37 美元/桶（沙特阿拉伯的成本更低，平均為 20 美元/桶）高一

倍，因此只有在高油價時才能體現其經濟性。① 雖然油砂不屬於傳統石油資源，但在石油開採環境越來越不利的情況下，油砂開採勢頭加速，未來也將成為石油供給中的重要補充部分。

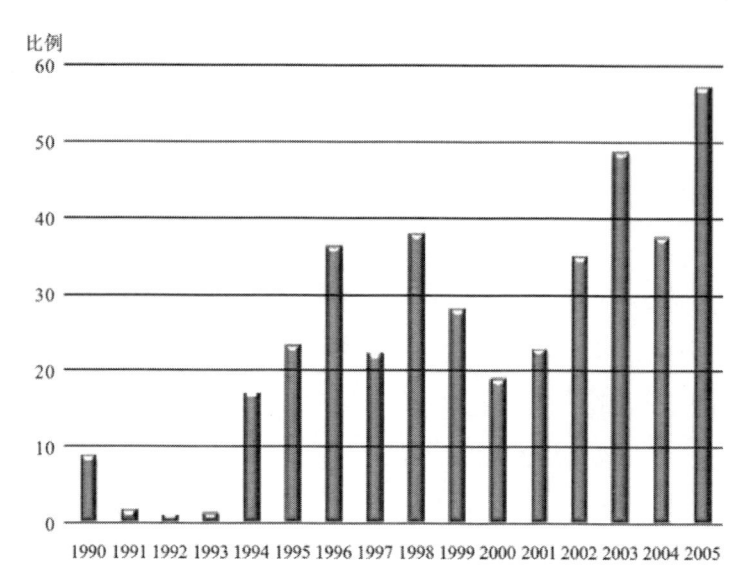

圖7-3 1990—2005年全球深海石油探明儲量占總探明儲量的比例

全球最大的跨國石油公司埃克森美孚於2011年3月表示，未來五年內公司將加大對加拿大油砂等非常規油氣資源的投資，油砂產品產量將占到新增產量的80%，由於投資於安哥拉和加拿大油砂等大型項目，公司年度預算支出將同比增長5.6%，未來數年年度預算將大幅度增長。②

另外，石油的品質越來越差，含硫量普遍增高，越來越「重」了，即使在上游產業投入大量資金，採出的油品質量也趨於下滑。目前煉油產的設備利用率已經接近飽和，由於全球市

---

① 經濟學家、《石油戰爭》的作者恩道爾在一次採訪中表示，在沙特阿拉伯的一些油田，開採成本只有1.5到2美元/桶。在最艱難的地區，比如加拿大、委內瑞拉，成本也不過15到20美元/桶。所以即使用最貴的收購成本和開採成本相加，也不過是30多美元/桶。

② 佚名. 外國石油公司動態 [J]. 國際石油經濟，2011，4.

場對柴油機燃料和低硫汽油標準的要求十分苛刻，即使擁有足夠多的重質原油，也沒有足夠好的精煉設備進行提煉。客觀來看，不論是在數量、成本還是品質上，石油的黃金期已經過去，石油產業已進入不可避免的衰退期。

7.1.2.2 資本動員能力不足

石油開採成本上升、勘探環境惡化等因素將造成石油領域的資本動員能力的不確定性。國際能源署估計，2001—2030年，世界能源領域的投資需要達到16萬億美元，僅相當於這一階段全球GDP總額的約1%，其中石油行業的投資為3.906萬億美元。石油開採工業目前面臨的主要問題不是資本可供性，而是達到上述投資目標的資本動員能力。石油投資重建剩餘產能方面將會面臨很大的困難。造成這樣的原因主要是：

第一，隨著現有成熟油田的老化，要維持石油的可供性，就需要不斷勘探開發儲量豐富的新油田以彌補老油田產量的下滑。然而石油開採成本越來越高，大型投資公司也不願意冒險將資金投入位於偏僻、危險、不友好地區的「難採」石油開發中。

第二，西方石油公司之間一直存在著競爭關係，在短期營利和長期產量增長兩者中，石油公司可能會更重視前者，更加重視股東利益。石油行業投資回報週期長，在投資成本增加、國際石油價格劇烈動盪的背景下，考慮到現金流占用壓力與營利性動機，石油公司大量參與商品以及金融衍生品交易業務，成為除了投資銀行、對沖基金等投資機構之外的另一石油套利投機成員，獲得油價暴漲暴跌的巨額收益。因此，油價上漲帶來的石油收益增長更多地返還給了投資者，而沒有投入新油田的勘探與開發。由於財政和政治因素，大多數國家石油公司也不會投資剩餘產能。

7.1.3 石油市場的結構性變動

從供給與需求總量來看，石油市場供需大體平衡，僅僅將石油作為一般商品，通過經濟學供求理論無法得出目前如此之高油價的結論。因此，我們需要研究石油供需平衡背後的市場格局變動，找出推動油價上漲的供求矛盾驅動因素。

7.1.3.1 供給結構的變動

1. 探明儲量分佈

從探明儲量來看，中東、中南美洲、歐亞大陸探明儲量在全球中所占比例最高，是供給石油的主要區域。中東探明石油儲量依然穩居第一，但在全球中的比重從1990年的75.7%下降到2010年的54.4%。與此同時，中南美洲以及非洲的探明儲量大幅度增長，中南美洲的探明儲量從1990年到2010年翻了三番，達到2,394億桶，非洲的探明儲量從1990年到2010年翻了兩番達到1,321億桶，相比之下20年間中東地區探明儲量僅增長了14.2%。[①] 雖然近十年來非歐佩克國家產量一直停滯不前，但中南美洲、非洲的儲採比急速上升，擁有巨大的資源可供潛力，在石油未來產能保障上的地位更加突出。

進入21世紀后，世界石油探明儲量每年均在持續增長，但增長速度明顯放緩。世界石油開採難度與成本上升，導致新增儲量減少。可以有效衡量石油供給能力的是儲採比，即衡量石油可供開採的時間。通過英國石油公司世界能源統計（2009）顯示，世界石油剩余探明儲量已經連續10年超過40年，在未來可預期的40年內供給不會對石油價格波動構成主要威脅。另外，從歐佩克發布的中期石油閒置產能來看，近年來石油供給閒置產能均在500萬桶/日以上，並未出現供需失衡狀況。

---

① 數據來源於2011年的英國石油公司統計年鑒。

2. 產量增長態勢

進入新千年后，石油與供給都呈現穩定上升的態勢。從全球石油供給與消費總量來看，世界石油供需基本保持平衡。過去數十年，非歐佩克供應（除了俄羅斯之外，后者的產量在21世紀初期增長很快）基本上是停滯的（見圖7-4）。巴西、加拿大和西非增長的產量被美國和北海大幅度的減產抵消了，雖然大幅度上漲的價格推動了投資的增長，但新開發的產量增長速度很慢，部分原因是2007—2008年因設備和熟練工人短缺而造成的高成本以及大量項目的推遲。因此，雖然在探明儲量上非歐佩克國家油氣資產增加，但轉化為產能尚需時日，目前非歐佩克國家的產量在全球中的供給保障依然占據主要地位。在所有歐佩克國家中，沙特阿拉伯是儲量最大、產量最大、剩余產能最高（即增產能力最強）的國家，從2011年國際能源署發布的報告（見圖7-5）中可以看出，沙特阿拉伯的剩余產能為歐佩克國家的最高水平，達到300萬桶/日，而其他國家已經所剩無幾。

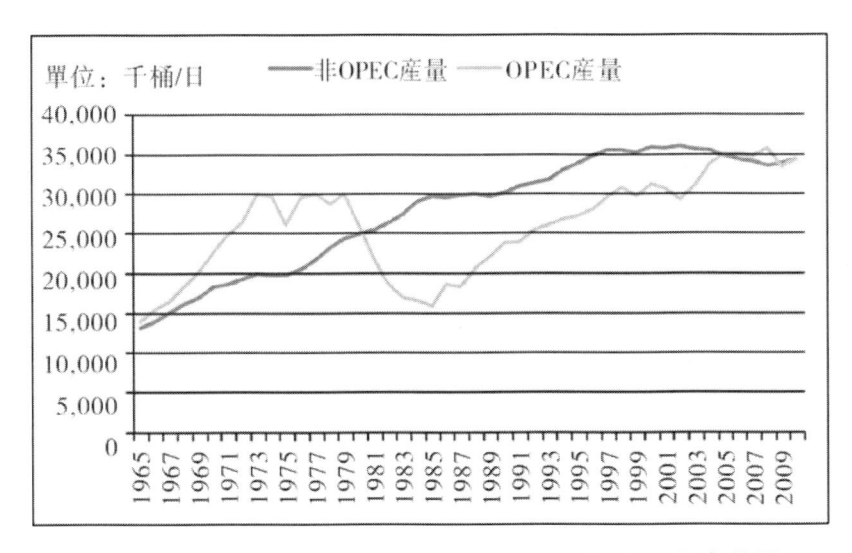

圖7-4　1965—2010年非OPEC與OPEC國家產量走勢圖

資料來源：2011年英國石油公司能源統計（非OPEC地區包含了蘇聯地區）。

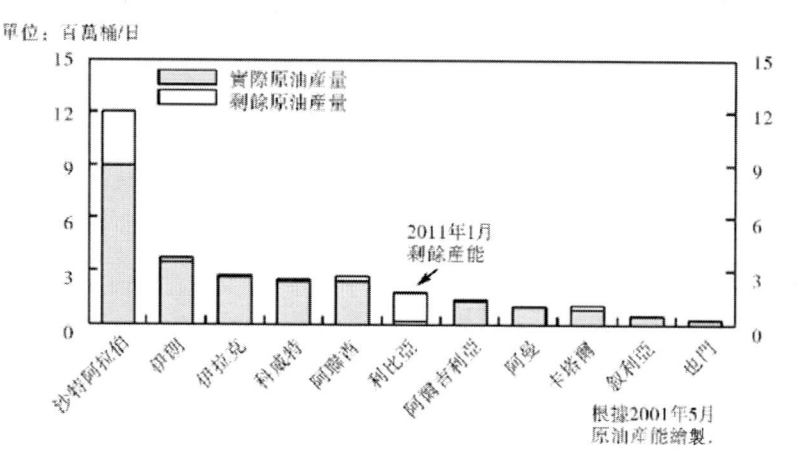

图 7-5　2011 年中東產油國生產能力與剩余產能

資料來源：全球金融穩定報告。

7.1.3.2 需求結構的變動

世界能源署預測，世界石油總日需求量將會在 2030 年達到 1.064 億桶，而在 2010 年是 8,738 萬桶，也就是說平均每年以 1%的速度增長。從需求主力國家來看，石油消費需求旺盛的國家一方是以歐美為代表的以個人消費為主的發達國家，另一方是以中國為首的以工業化建設為主的發展中國家。2010 年全球石油消費前三位依次是美國、中國和日本，其中美國占到全球消費總量的 21.2%，與整個歐洲和歐亞地區占比相當（22.9%）（歐亞地區包括土耳其、烏克蘭、斯洛法尼亞、烏茲別克斯坦、俄羅斯、羅馬尼亞、土庫曼斯坦）。

從需求地域分佈來看，亞太、歐洲與北美是世界石油需求的主力市場，2010 年總消費占全球的比例達到 80.2%。但是歐洲與北美的消費增長幅度較小，從 1990 年到 2010 年分別增長了 2.1%和 0.1%，而亞太地區則增長了 5.3%。OECD 國家與亞太地區的石油產量消費比在 1985 年有所下降，說明石油消費量高速增長，高於產量的增速。以上數據表明，石油供給過去主要是滿足發達國家的需求，而現在發達國家石油需求增速明顯放

慢，發展中國家成為石油需求的主要拉動力量（見圖7-6）。

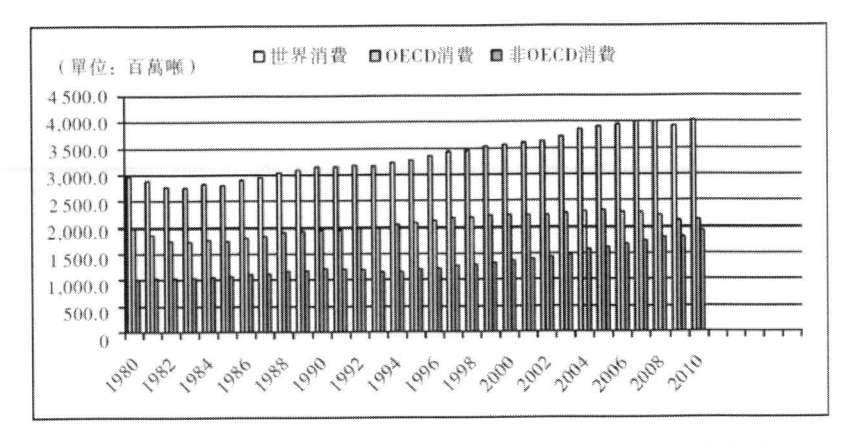

图7-6 世界石油消費、OECD、非OECD國家石油消費狀況
資料來源：根據英國石油公司能源統計年鑒（2011）整理。

一國的石油消耗取決於幾個大的方面，第一是工業用能，第二是建築用能，第三是交通用能。在工業化和城市化時期，人口快速向城市集中，鐵路、公路等基礎設施建設大規模展開，經濟發展將進入一個以重化工業為中心的發展階段。在這個階段，能源資源的消耗增長速度要超過GDP的增速，單位GDP能源資源消耗呈現上升勢頭。美國在20世紀30年代以前西歐在二戰後到20世紀60年代，單位GDP鋼鐵和水泥消耗明顯上升。如果將能源消耗和經濟發展水平對應來看，英國、法國和韓國大體上在15,000美元時開始放慢增長，而美國、加拿大以及日本在達到20,000美元才開始放緩增長，能源資源的增長放緩是在完成工業化和城市化之后。[①] 在國際石油高價背景下，以及可能出抬越來越嚴格的碳稅，必將使終端用戶用能成本不斷提高，發達國家採取的節能減排政策舉措會促使消費者轉向低碳能源，並且發達國家已經完成了工業化階段，石油消費多為民用型消

---

① 王金照，等. 典型國家工業化歷程比較與啟示 [M]. 北京：中國發展出版社，2010.

費，對油價的敏感度較高。以中國為首的新興市場國家由於歷史等原因，比西方發達國家經濟起飛的時間晚數十年，目前正處於工業發展階段和城鎮化快速推進階段。根據國際能源署參考範例，到 2030 年，大約 3/4 的石油需求增長來自交通運輸部門，交通運輸部門是經濟合作與發展組織成員國以外的國家石油需求增長的主要推動力。未來數十年新興經濟體能源需求增長仍然呈現某種剛性特徵。

7.1.3.3 供求緊平衡

從一個較為長期的時間段來看，石油的供給能力基本能夠滿足當前的需求。但是供給能力並不等於供給意願。石油供給的成本以及外部經濟形勢的變化也會影響到產油國決策。因此也並不能認為石油供給與需求保持常態化平衡。如果世界石油供求雙方力量對比在某一時刻發生了變化，那麼即使沒有投機加劇、中東局勢震盪等隨機因素的發生，石油市場也將在供求結構性變化中尋求另一種動態平衡。從全球範圍來看，供求總量大體平衡，但這種平衡關係較為脆弱，屬於供求緊平衡狀態。

第一，石油剩余產能局部性偏緊。作為石油供給的主要地區，歐佩克的剩余產能反應了石油市場供應的緊張程度。1985 年，歐佩克剩余產能曾高達 1,000 萬桶/日，2000—2002 年上半年，也高達 500~700 萬桶/日，而 2004 年已減少至不足 200 萬桶/日，僅相當於世界石油需求的約 2%。到了 2004—2006 年年末，OPEC 國家剩余產能一直處於 100 萬桶/日以下，剩余產能的下降引發了市場的擔憂。[①] 在此次利比亞政治危機中，各大投資銀行紛紛發布原油市場研究報告。

剩余產能的下降不僅會影響供求基本面支撐的石油價格，

---

① 華民，劉佳，吳華麗. 國際石油價格暴漲急跌的邏輯和中國的應對 [J]. 世界經濟與政治論壇，2010，1.

還會因為石油稀缺性預期導致石油期貨市場的劇烈波動。缺乏剩餘產能的緩衝，任何政治、投機、氣候和技術原因都會引發更頻繁、更劇烈的油價波動。另外，隨著老油田的連續開採，行業成本日益上升的壓力則可能在今年就有所體現，中東國家石油產量中的重質油比重正在增加。這意味著未來輕質油的多余產量可能將更少，勢必將影響全球輕質油的供應。

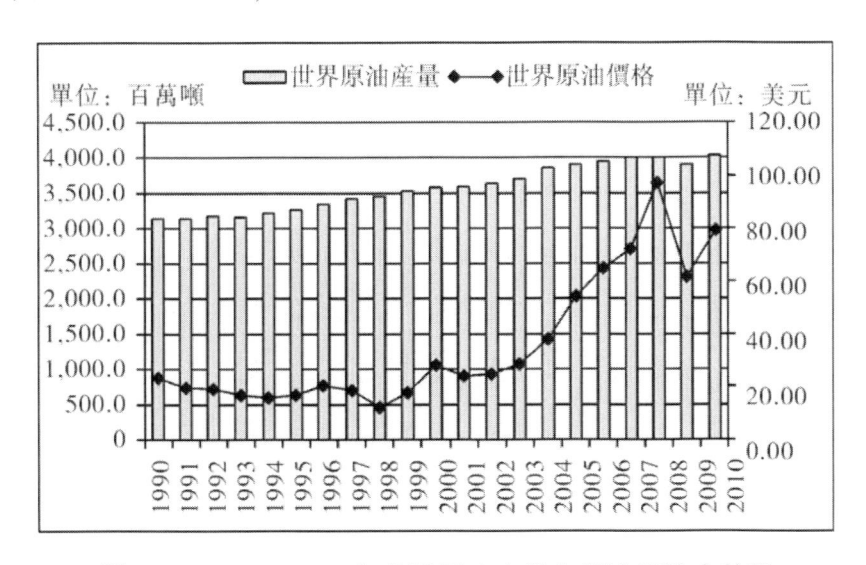

圖 7-7 1990—2010 年世界原油產量與原油價格走勢圖

註：原油價格為布倫特原油現貨價格。

資料來源：2011 年英國石油公司能源統計年鑒。

從圖 7-7 中可以看出，油價高漲時期，世界原油產量依然在增長，但增長速度已經明顯放緩，在高油價的刺激下，依然未見明顯的增產。這有兩種可能性，一種是歐佩克認為是高油價投機炒作，如果增產會導致價格下跌；另一種是歐佩克等產油國剩余產能已經很低，生產能力已經接近極限。在 2003—2008 年，當油價上漲時，歐佩克剩余產能不斷下降；當油價下跌時，歐佩克剩余產能則隨之上升。這說明歐佩克在高油價背景下依然有很強的增產盈利動機。但是 2008—2009 年，即使歐

佩克不斷增產，依然不能抑制油價上漲。2003—2009 年，歐佩克剩餘產能在 250 萬桶/日以下，供求緊平衡的狀態表現突出（見圖 7-8、圖 7-9）。2011 年，除了沙特阿拉伯以外，各產油國的剩餘產能已經所剩無幾。這種趨勢表明，當前雖然並無明顯供求失衡跡象，但是供求關係是維持在緊平衡的基礎上的。正是這種緊平衡，加大了市場稀缺性預期，加入了金融市場投機因素，導致油價暴漲。

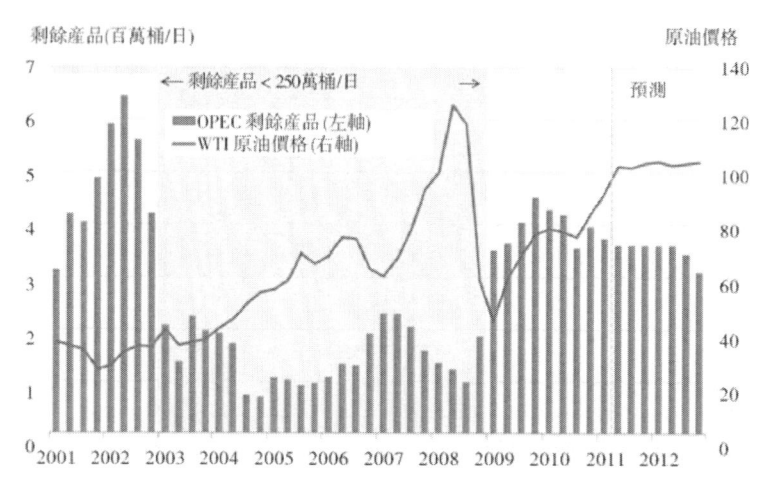

圖 7-8　2003—2008 年歐佩克剩余產能與 WTI 原油價格走勢圖
註：原油價格以 2009 年美元計價。

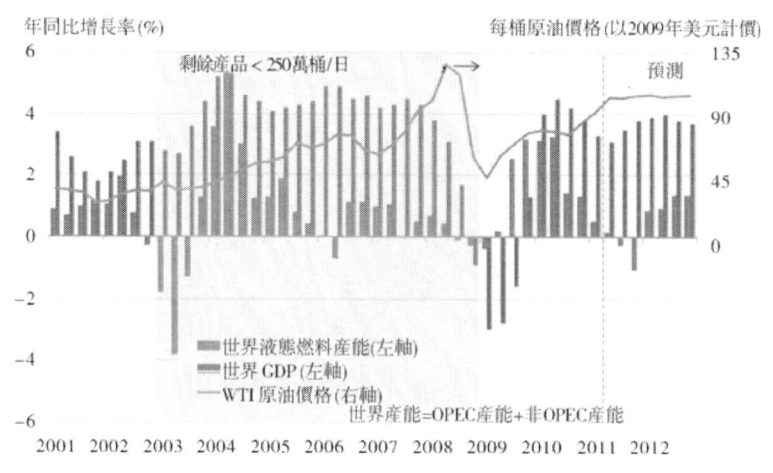

圖 7-9　2003—2008 年世界 GDP、WTI 油價、世界燃料產能走勢圖

第二，國際分工格局下新興經濟體資源透支。近年來全球生產體系的地理分佈格局發生了重大變化，其中東亞生產力的崛起成為一支不可忽視的力量。2009 年中國和印度占世界 GDP 的份額分別僅為 3.72% 和 1.49%，而 2010 年卻依次上升到 9.34% 和 2.44%（見表 7-1）。

表 7-1　2000—2010 年世界及主要國家/地區 GDP 增長對比

國家/地區	2000 年 GDP（億美元）	占世界GDP的比例(%)	2010 年 GDP（億美元）	占世界GDP的比例(%)	期間年均增長率(%)
美國	99,515	30.88	146,578	23.3	3.95
歐盟	85,096	26.40	162,822	25.88	6.70
中國	11,985	3.72	58,783	9.34	17.24
印度	4,799	1.49	15,380	2.44	12.35
日本	466,675	14.48	54,589	8.68	1.58
世界	322,274	100	629,093	100	6.92

隨著全球生產組織方式的變革以及貿易、投資自由化趨勢的增強，以商品貿易和比較優勢為基礎的傳統國際分工格局迅速向產業間分工、產業內產品分工和要素分工並存的新型國際分工模式演進，形成多形態、多層次、網路化的國際分工體系。在國家層面，形成了「以美國為代表的發達國家消費，以中國為代表的新興工業化國家製造，以俄羅斯、巴西、沙特阿拉伯為代表的資源國提供原材料」的分工格局。在當前「三重國際分工」的格局中，發達國家依然起著主導作用，在國際分工中主要生產中高技術產品，並在產業鏈分工中處於生產高附加值

的零部件和資本品的分工位置。①

　　發展中國家在出口結構上依然以低附加值、勞動密集型、資源密集型為主，並且在外貿出口類別上屬於「兩頭在外」的加工貿易，即以透支廉價勞動力、原材料資源，生態環境污染為代價來獲得 GDP 的高速增長。未來 25 年中，將近一半的全球能源需求增長來自中國和印度。發達國家一邊不斷指責發展中國家是「高油價」的罪魁禍首，一邊將越來越多的高污染、高排放的傳統產業轉移到發展中國家，將石油資源消耗的壓力轉向工業製造大國。發展中國家在國際分工佈局中處於產業鏈的低端，獲得的是最低廉的收益率，卻面臨著生態環境惡化、國內通脹上升、石油資源消耗不斷加大的尷尬局面（見圖 7-10）。

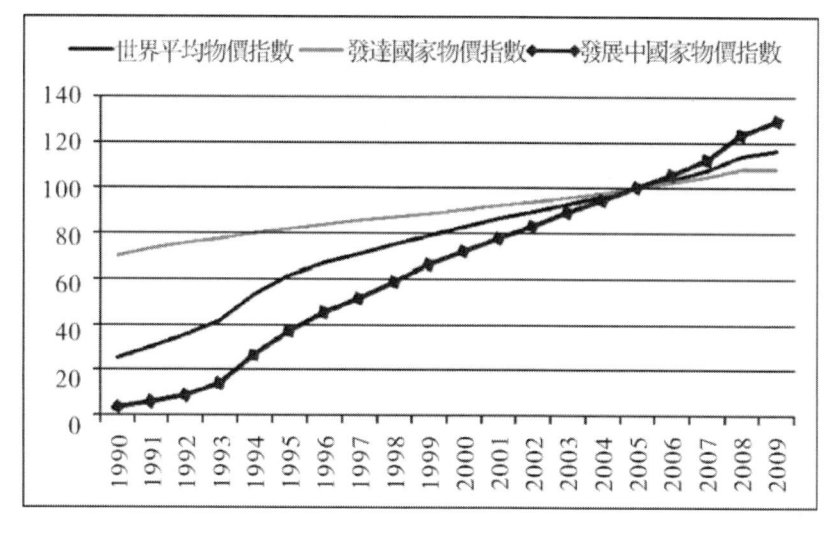

圖 7-10　1990—2009 年不同類別國家物價水平走勢圖
（以 2005 年為基期）

――――――――――

① 李生明，王岳平. 新國際分工格局下不同類型國家國際分工地位 [J]. 國際經貿探索，2010，6.

7.1.4 政治不穩定因素增多

每一次重大政治事件導致的動亂衝突，都會使石油價格上升到新的臺階。第一次石油危機，石油價格突破10美元，第二次石油危機，石油價格突破30美元，海灣戰爭時期，石油價格突破50美元。2003年后至今，國際石油價格連連高位震盪，重要原因在於石油市場所面臨的政治格局進入更加複雜的階段。圍繞石油資源爭奪導致的政治不確定因素越來越多，並且多集中在中東—北非這一傳統敏感地帶，這些資源富集地區一旦出現戰爭或者其他突發事件，將引發石油金融市場的劇烈波動。

2003年第三次海灣戰爭爆發，伊拉克石油生產停滯，地區動盪不安，沙特阿拉伯境內多次發生恐怖襲擊，伊拉克石油管線和港口屢遭破壞，尼日利亞、挪威石油工人罷工，印度尼西亞恐怖活動不斷，委內瑞拉國內政治鬥爭加劇，俄羅斯尤科斯石油公司面臨破產等。產油國地區的動盪與不安給國際石油市場帶來了巨大負面影響，石油供給安全受到重點關注。2004年石油政治屬性的重要性超過以供求為基礎的商品屬性，並在石油期貨市場得以完全展現。

2010年后，作為全球石油最大輸出地的中東地區的地緣政治愈發緊張，美歐不僅制裁伊朗石油貿易，同時也對其他國家施壓，督促其減少對伊朗石油的進口。此外，國際銀行間合作組織全球銀行金融電訊協會於2012年3月15日也宣布切斷和伊朗所有銀行的關係，伊朗局勢危急成為威脅全球及眾多石油消費國能源安全的最不確定因素，全球對石油供應的擔憂不斷推升國際油價。到2012年3月14日收盤時，紐約商品交易所（NYMEX）4月交貨的輕質原油期貨收於105.43美元/桶，4月交貨的倫敦北海布倫特原油期貨收於124.97美元/桶。2012年以來，紐約商品交易輕質原油期貨價格已上漲約7%，倫敦北海

布倫特原油期貨價格漲幅約為 16%。

衝突戰亂的頻發加劇了石油海外作業的政治風險，同時也影響到西方石油公司在產油地區的項目進程。2011 年 3 月 16 日，利比亞最大的外國石油作業公司——義大利埃尼公司呼籲歐洲放棄對利比亞的制裁，成為第一個設法與利比亞國家石油公司重建關係的西方石油公司。英國石油公司等原計劃在 2011 年 2 月在該地進行的鑽探項目由於利比亞的動亂不得不推遲。石油工業的上游投資數額巨大，石油公司不得不權衡項目經營的成本收益。西方跨國石油公司雖然實力雄厚，但彼此之間面臨著激烈的競爭，為了穩固在石油市場的既有優勢地位，許多石油公司投資產能的資本動員能力明顯不足，轉向能源或金融衍生品市場進行投資和投機獲取高額利潤。在石油價格暴漲暴跌中，石油公司反而增強了實力：石油公司通過產業資本金融化運作獲取巨額利潤，在油價暴跌之時，又用盈餘現金收購實力相對較弱的公司，鞏固自身的政治與經濟實力。

7.2 金融發展與金融不穩定性

7.2.1 金融功能發展與石油資本集聚

7.2.1.1 金融仲介——衍生功能的演進

石油金融化是伴隨著金融功能的擴充和金融市場的發展而不斷發展的。石油天然的資金技術密集性、投資週期長、風險大等特點注定了其與金融資源融合的必然性。隨著經濟金融化的推進，價值主體和價值活動日益多元化與複雜化，金融市場容量以及金融功能不斷擴充，並呈現出不同的特點。在相當長的歷史時期內，金融的服務和仲介功能發揮著主要作用，為整

個經濟體的運行和社會活動提供便利性服務，包括基本金融要素——貨幣的提供，為擁有剩餘物質財富的人提供跨時消費可能的途徑，為大宗跨地交易提供匯兌結算服務等。

　　當金融功能不斷擴展，從最初的基礎功能、核心功能、擴展功能，發展到衍生功能。在金融主要執行仲介與服務職能階段，金融僅僅作為商品生產、貿易等活動融通資金的重要手段，金融市場發展的不足決定了大宗商品市場與金融市場的互動局限性。隨著經濟活動的複雜化與商業交易的擴大化，社會經濟活動的參與主體、渠道和方式都發生了巨大的變化，金融充當經濟調節與風險規避的需求越來越迫切。隨著金融衍生品市場的產生和發展，金融衍生工具一方面成為商業交易者資金籌措的平臺，為風險厭惡者提供有效保護；另一方面也給風險偏好者提供了更為犀利的投機工具。金融市場成為連接實體和虛擬市場、時間和空間的橋樑，既為風險規避提供了平臺，又為風險創造提供了機遇。美國是世界衍生品市場的發源地和興盛地，基於利率、股票、匯率的金融衍生品如貨幣期貨、股指期貨、股票期權、貨幣互換、複合期貨期權等相繼出現，美國衍生產品創新及市場發展位居世界前列，金融衍生品市場已發展成為美國現代金融市場體系的重要組成部分。

　　金融資源不同功能與石油相結合，賦予了石油這一普通物質資源新的屬性特徵（見圖7-11）。石油工業借助於金融市場的融通資金、仲介服務等功能獲得了更加多元化的融資渠道，滿足了石油勘探開發、管輸煉化等活動擴大再生產的資本需求。在金融資源的配置功能下，石油資本與金融資本相結合併順利實現了時空上的價值轉化，石油產業價值鏈的生產過程更加高效率，使得石油產業資本得以不斷發展壯大。石油商品期貨市場是金融市場發展到衍生功能，石油現貨市場風險不斷擴大的共同成果。隨著石油商品貿易量在世界範圍內不斷擴大，價格

波動風險影響到的商品交易主體越來越多，交易中的風險規避成為生產商、仲介商、貿易商的共同需求，而此時金融衍生功能正好滿足了價格風險規避的需求。在期貨市場上，石油商品從普通的實物交易向紙貨交易轉化，從物質資產變為金融資產（期貨標準合約），與其他金融產品一道成為投資者交易的標的，顯示出活躍的金融屬性。由於金融衍生功能的天然脆弱性以及石油特殊的戰略地位，石油進入期貨市場後不僅為商業投資者持有，還成為金融投機者熱捧的對象，價格波動幅度日益擴大，資金推動特徵明顯。一旦市場環境發生變化，石油期貨價格劇烈波動引發的金融風險將對實體產業產生巨大的負面影響。石油與金融都屬於一國戰略性資源，因此當石油完成向金融屬性的蛻變，其在國際經濟中的影響力將進一步擴大，也將成為各國國內安全戰略、國際外交戰略中的重要砝碼。

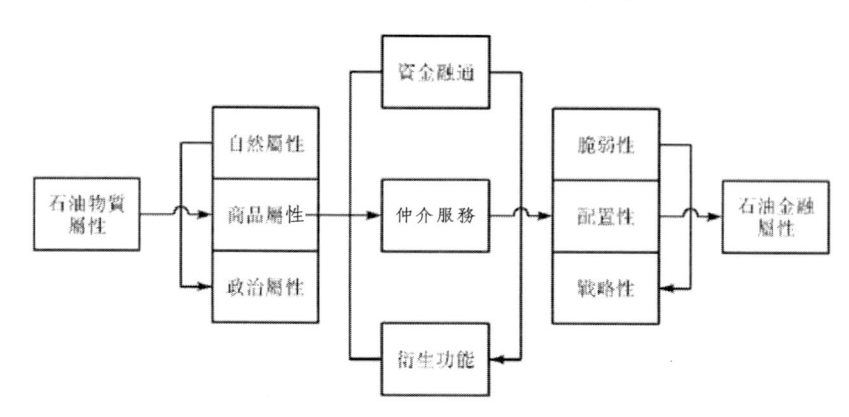

圖 7-11　石油物質屬性向金融屬性的轉化

7.2.1.2　金融創新與混業經營趨勢加強

金融功能的發展和不斷推陳出新的衍生金融產品讓經濟生產關係發生了深遠的變革。20世紀80年代國際金融市場的主要發展是金融衍生工具的交易，在央行對資本金充足率的壓力下，銀行轉向發展資產負債表以外的項目如金融期貨、期權、利率掉期、遠期利率合約，以彌補資產負債表上的資金。金融機構

之間的競爭更加激烈，紛紛尋求傳統業務之外的利潤增長點，金融機構混業經營趨勢進一步加強。金融機構紛紛開設能源投資業務，為石油企業提供花樣繁多的金融產品，投資銀行、投資基金等金融組織介入石油市場「實物」與「虛擬」兩個市場的操作進行套利。2003年后，國際石油市場進入「原油牛市」，摩根士坦利2004年從能源貿易中獲得收入約15億美元，2005年達到18億美元，約占總收入的6.5%。高盛2004年從能源中獲得的收入為15億美元，2006年在能源價格高漲的背景下商品貿易總收入大幅度增長，達到30億美元。近年來，國際石油期貨交易在美國一些對沖基金的交易中比重不斷上升，高盛、摩根士丹利、花旗集團、摩根大通以及英國的巴克萊銀行等都是石油期貨市場的大炒家。2007年這幾大炒家控制了石油期貨掉期交易70%的頭寸。[①]「正如安然公司一樣，高盛、美國銀行、摩根士坦利以及其他大投行的自營交易業務實質上是喬裝改扮的對沖基金。」

　　隨著銀行大舉介入石油業務，石油市場的走勢也成為投資銀行密切關注的目標。金融機構不僅進入了商品衍生品領域，而且也進入了實物商品領域。摩根士坦利是26家油氣田的股東，成為美國東北部地區取暖油批發商的主要供應商，管理著75萬桶的家用取暖油戰略儲備，相當於美國家用取暖油戰略儲備總產量的1/4。摩根大通擁有管線和儲油設備。高盛在德克薩斯擁有管線、終端和一座煉油廠，並在賓夕法尼亞州、弗吉尼亞州、德克薩斯州等海域擁有多處氣井。投資銀行通過收購能源資產，將石油市場上的信息與金融市場上的資本運作能力相結合，共同創造大量的利潤。[②] 2008年，由於看高長期全球能

[①] 張志前，涂俊. 國際油價誰主沉浮［M］. 北京：中國經濟出版社，2009.

[②] 安東尼婭·朱哈斯. 石油黑幕［M］. 李曉春，譯. 北京：中國人民大學出版社，2009.

源需求，美國股神沃倫·巴菲特旗下的伯克希爾·哈撒韋公司已經成為美國石油巨頭康菲石油公司的最大股東。①

一般而言，商品衍生品市場大多數交易商在合約將到期時都採取平倉方式而不進行實物交割。但美國商品期貨委員會（CFTC）的數據表明，2002—2004 年，摩根士坦利進行了大約 2,070 萬桶取暖油賣出實物交割和 1,640 萬桶取暖油買入實物交割，在紐約商品交易所全部交割的取暖油中占了 61.5%。摩根士坦利還為美國聯合航空公司提供融資服務並直接承擔燃油運輸業務。它通過包油輪、租管道、調配有關卡車，每年有超過 10 億加侖的燃油運送至美國各地儲油中心。金融機構對石油領域的不斷滲入，很難將其當作純粹的商業行為看待。② 原油價格走勢事關自身經濟利益，因此各類投行不斷發布的報告和聲明令人生疑。2012 年，儘管美英等國在積極謀劃打壓油價，但金融市場中高盛等各大機構仍在唱多油價。

7.2.1.3 金融全球化改變了石油資本的累積方式

戈拉德·A. 愛潑斯坦等學者認為，過去 30 年全球經濟變革的主要特徵為新自由主義、全球化、金融化的興起，三者是相互關聯的，其中金融化是關鍵。20 世紀 50 年代發達國家金融活動發生巨變，美國和英國發起了以金融創新為主題的一系列革命性變革。在金融自由化潮流中，以美國為首的西方發達國家相繼解除了一系列金融管制，實施利率、貨幣、金融業務和金融市場全方位的金融自由化。這一金融變革對世界經濟的發展形成了深遠的影響。金融市場體系、金融組織體系，金融工具體系、金融支付體系、金融監管體系以及金融產品價格形成機

---

① 參考《巴菲特公司已經成為美國石油巨頭康菲最大股東》，http://www.enorth.com.cn, 2008-11-17。

② 張宏民. 石油市場與石油金融 [M]. 北京：中國金融出版社，2009.

制不斷發展演變，催生出花樣繁多的金融工具以及金融交易模式，使貨幣外金融資產膨脹，經濟金融化程度不斷提高。我們可用金融相關率——金融資產總量與國民生產總值的比例來衡量經濟金融化指標：一個世紀前，美國金融相關率是0.07，英國是0.3~0.35，德國是0.12~0.15，日本是0.02，到了20世紀90年代，各國對應的數據都大於1。1950年，美國貨幣市場工具總額僅為28億美元，經過40多年的發展（至1993年），貨幣市場工具總額達到21,034億美元。[①] 20世紀90年代的貨幣市場規模化發展一直延續至今，從圖7-12中可以看出，2000年以來，信貸市場在美國GDP中所占份額直線上升，從21世紀初的268%上升到2009年的385%。直到2008年次貸危機爆發，由於流動性緊縮，銀行系統一系列「去槓桿化」過程才使這一份額暫時下降。根據國際貨幣基金組織2009年發布的全球金融穩定

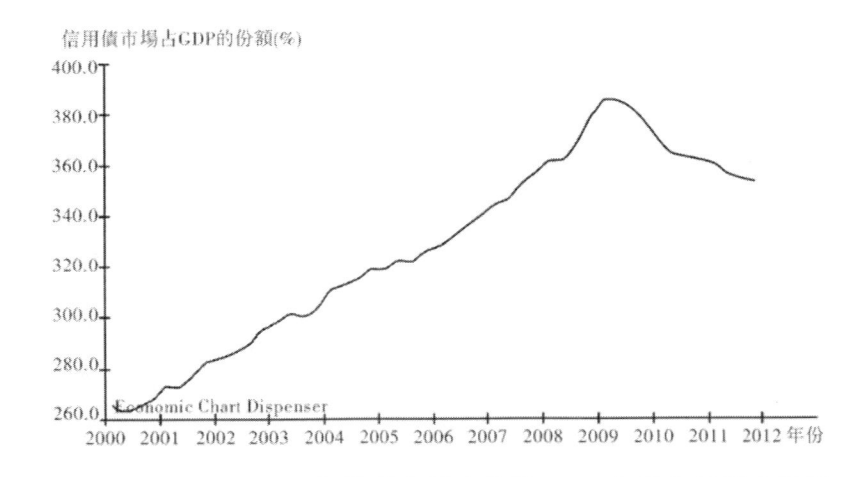

圖7-12 2000—2012年信貸市場在美國GDP中所占份額走勢圖

資料來源：參考http://www.economagic.com/em-cgi/charter.exe/var/togdp-totalcreditdebt。

[①] 白欽先，楊滌. 21世紀新資源理論——關於國民財富源泉的最新研究[M]. 北京：中國金融出版社，2006.

報告，2008年年末全球貨幣總量（銀行資產+債券+股票）約為212萬億美元，是全球 GDP 60.9萬億美元的3.5倍。如果再考慮截至2008年年底名義資本金餘額高達592萬億美元的衍生品金融市場以及半貨幣化的房地產市場，全球貨幣總量約為 GDP 的9.7倍。全球貨幣的膨脹速度已經遠遠超過真實 GDP 的增速，全球進入了經濟金融化時代。

新自由主義全球化帶來了金融全球化，金融全球化對國際石油市場的滲透為石油市場帶來了深遠的變革。

第一，金融全球化使得更多石油產業資本流入金融市場，參與金融與石油衍生品交易。在新自由主義引領的金融全球化浪潮中，社會生產經營環境發生了很大的變化。首先，主要產品市場的外部商業競爭環境惡化，全球需求增長減緩，由此導致非金融企業利潤率不斷下降。其次，商業融資環境和氛圍更加急功近利，金融市場成為企業資本營運的重要手段，導致非金融企業更加重視短期利益，將現金流中的更大份額支付給金融仲介機構，這很大程度上改變了管理層激勵機制。[①] 由於市場上「為追求資本短期收益」而不斷重組資產的行為不斷加劇，[②] 石油企業的目標從依賴非流動實物資產的整合和長期生產經營績效轉化為與企業股票價格的波動掛鉤，並實現股東權益的最大化。金融全球化打破了國際資本的國界流動限制，金融資本以前所未有的速度生成、擴張；高科技信息技術的發展為交易的便利性提供了保障和效率。越來越多的國際資本參與逐利性石油金融市場，以多樣化的形式享受生產領域無法企及的資本

[①] 劉元棋. 資本主義經濟金融化與國際金融危機 [M]. 北京：經濟科學出版社，2009.

[②] 1960年到20世紀70年代末，紐約證券交易所資金週轉率為20%，2002年上半年達到100%平均持有股票時間也大大縮短，因此股東不再關心他們所持有的股票企業的長期經營績效，而關注的是短期股價的上漲。這對企業經營行為模式具有重大影響。

增值速度。

第二，20世紀70年代以來，金融全球化的發展為世界經濟發展模式帶來了革命性的變化，石油產業資本在這一時期也加快了集聚的速度。跨國石油公司強強聯手，通過橫向、縱向併購提高了國際競爭力，淘汰了弱小企業。石油產業的集中度進一步加強，形成了高度壟斷市場格局。金融全球化也使得石油資源的全球性爭奪進一步加劇，石油工業的海外擴張使其獲得了更充裕的資金支持，金融機構的全球化佈局為石油融資服務提供了全面的保障。

7.2.2 美元債務驅動的浮動匯率體制

7.2.2.1 國際貨幣體系演進中的油價再探

第一次世界大戰後，國際金本位制被摧毀，倫敦的國際金融中心地位也被紐約取代。為進一步削弱英鎊的國際地位，美國在第一次世界大戰后實行了金本位制。到20世紀30年代，一定範圍和影響力的美元區已經形成。1929—1933年的資本主義經濟危機沉重打擊了英鎊在全球的貨幣霸權，英國在1931年9月被迫放棄金本位制，其國際貨幣地位從全球轉向英鎊區，僅在英鎊區內繼續自由兌換。第二次世界大戰的爆發使得國際貨幣秩序更加混亂。在此背景下英、美兩國都在著手擬訂戰后的國際貨幣體系，爭奪戰后貨幣安排的主動權。1943年4月，英國和美國分別發表了「凱恩斯計劃」和「懷特計劃」。一個已經衰落的霸權國和一個正在興起的霸權國在戰后國際貨幣金融秩序方面展開了激烈的較量。最終，美國憑藉超強的實力，迫使英國接受了美國的方案，而美國也對英國作了一些讓步。1944年，在美國布雷頓森林舉行的貨幣會議上，與會國通過了以「懷特計劃」為藍本的《布雷頓森林協定》，建立了以美元與黃金掛勾、各國貨幣與美元掛勾為主要內容的國際貨幣體系。

從貨幣體系演進的視角來看，牙買加貨幣體系下油價波動

幅度明顯增大（見圖7-13）。在金本位制度下（1816—1944年），國際石油價格徘徊在1~2美元/桶的歷史低位，只是在第一次世界大戰期間國際油價才有所上升。如果轉換為2010年美元的話，一戰期間石油價格從10美元/桶上衝達到33.4美元/桶，在大蕭條期間又回落到10美元/桶。1929—1933年大蕭條時期油價波動不大，在美元—黃金兌換本位制期間，因為美元與黃金掛鉤，石油價格（1944—1971年）處於歷史最佳平穩時期。布雷頓森林體系崩潰后，國際貨幣體系擺脫了商品基礎，進入了純粹的美元本位制時代，石油價格開始進入直線式上漲時期，最高時期達到147美元/桶。隨后伴隨2007年、2008年的次貸危機泡沫破滅，國際石油價格一路狂瀉，從最高147美元/桶暴跌至33美元/桶附近。石油價格動盪超過任何一個時期。1999年以來，紐約商品期貨交易所石油價格從12美元/桶漲至歷史最高點——2008年的145美元/桶（庫欣1號合約），上漲了11.08倍，又於2009年2月跌到33美元，下跌了77.3%。

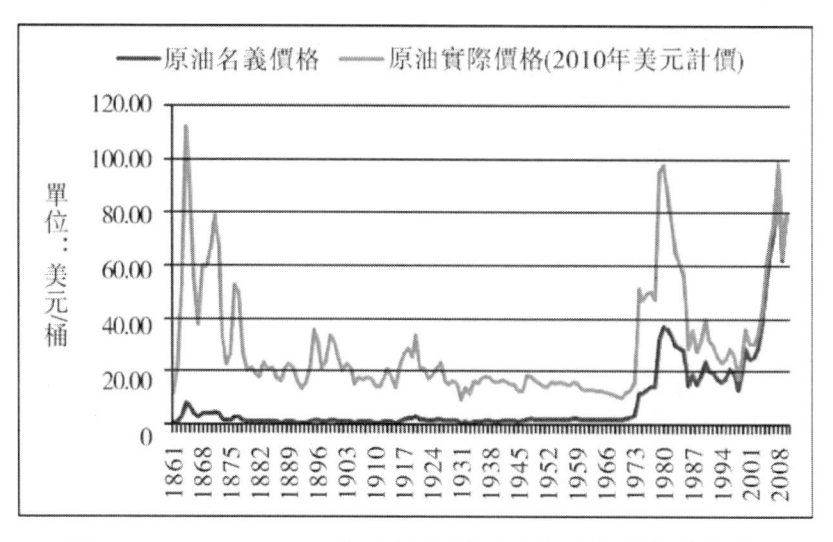

圖7-13　1861—2010年原油名義價格與實際價格走勢圖

註：1861—1944年為美國平均油價，1945—1983年為阿拉伯輕質原油價格，1984—2010年為布倫特原油現貨價格，數據來源於英國石油公司能源統計年鑒（2011）。

7.2.2.2 當前貨幣體系下的金融環境特徵

1974年,布雷頓森林體系崩潰,世界進入更加動盪的牙買加國際貨幣體系,其實質是以美元債務驅動的浮動匯率體制。這一國際金融體制安排確保了美元在全球貨幣體系中的核心地位,它的建立標誌著美國在國際貨幣金融領域霸權地位的確立。當前貨幣體系呈現出以下重要特徵:

第一,國際金融環境更加動盪,資產價格因素對經濟波動影響增大。在美元本位的浮動匯率制度下,人性的貪婪加上制度的漏洞極易引發金融系統崩潰,金融危機發生的頻率明顯增加。20世紀80年代以前(1945—1985年),經濟衰退的最大威脅是通貨膨脹,而20世紀80年代以後,這種情況發生了根本性轉變。近25年來全球共發生了5次經濟衰退(20世紀90年代的美儲貸危機、1990年的日本資產市場崩盤、1997年的亞洲金融危機、世紀之交網路科技股泡沫破滅、2008年的次貸危機)。而這五起事件中,不論是區域性還是全球性危機,都與工資—物價水平失控無關,而背後都有一個共同點——資產價格快速上升,隨后坍塌。[1] 資本市場已經不再是經濟發展中的配角,而成為引領經濟週期的關鍵性力量。

第二,美國在國際事務中的干預性加強以維護霸權利益。在當今和平發展的主題下,美國往往通過控制國際貨幣基金組織和世界銀行對發展中國家的經濟自主權進行干預和限制,左右著這些國家的經濟、政治狀況,維護美國全球霸權的利益。同時,美國繼續充當世界警察的角色,調整在全球中的戰略佈局,必要時介入軍事力量,如2003年的伊拉克戰爭、近期的伊朗經濟制裁等。日益龐大的軍事開支加大了政府負債,美元擴

---

[1] 羅伯特·巴伯拉. 資本主義的代價——彼特、明斯基模式下的未來經濟增長之道 [M]. 朱悅心,譯. 北京:中國人民大學出版社,2010.

大赤字融資進一步造成了美元貶值，雖然在國際貨幣儲備中美元的絕對數額依然占據主導地位，但占比卻從1999年的72%下降到2011年的61%（見圖7-14、圖7-15）。美元貶值讓世界各國資產縮水，紛紛加大了其他貨幣尤其是歐元儲備份額，直至歐債危機爆發前，歐元被視為對美元地位威脅最大的貨幣。

第三，當前貨幣體系下美元政策外溢效應明顯加大。在美元本位制的牙買加貨幣體系下，雖然美國貨幣政策是以國內經濟發展狀況為依據，但是其宏觀經濟政策效應有明顯的外溢性，其影響已經遠遠超出了國界，其收益和成本是不對稱的。美國可以長期推行財政赤字和貿易赤字政策，以轉嫁美國進行經濟調整的成本，而其他國家則更多地承擔了通貨膨脹和資產泡沫的成本。

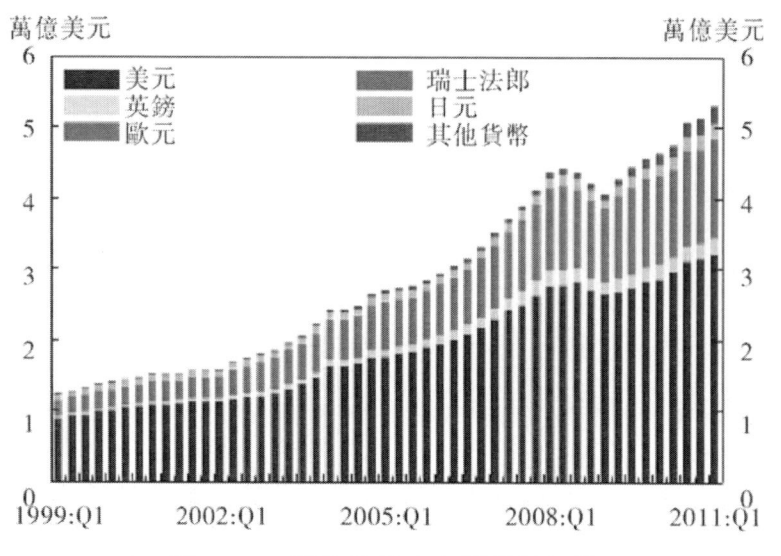

圖7-14 國際儲備中各國貨幣規模

資料來源：IMF金融穩定報告。

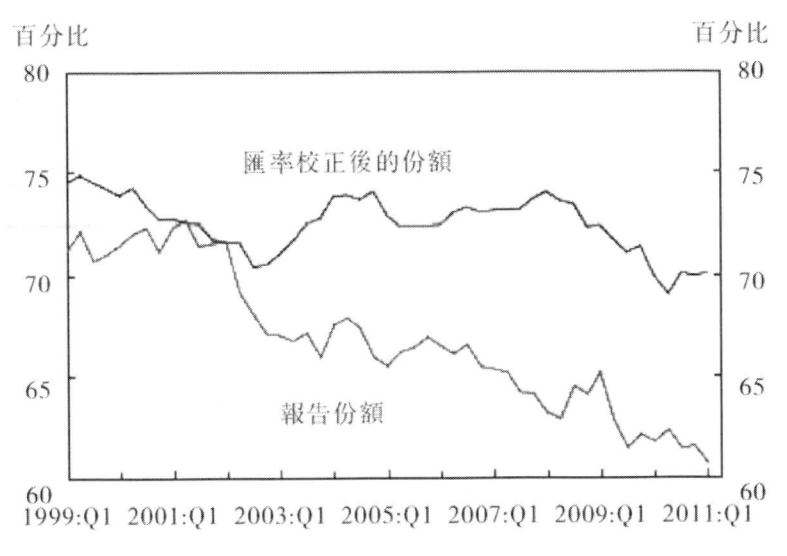

图 7-15 美元在国际储备中的比例走势

资料来源：IMF 金融稳定报告。

1995 年至 2002 年期间，美国实行强势美元政策，实际有效升值约 35%，吸引全世界的资金流入美国，为美国经济的增长提供了充裕的资金环境。随著互联网经济的破灭，美国经济缺乏一个可支撑的经济增长点，强势美元政策难以执行，因此美国又转而采取美元贬值的策略。从 2002 年起，美国一直实施弱美元的策略，美国长期以来的经常项目赤字与政府债务规模越来越庞大，直到 2008 年次贷危机爆发后才有所缓解（见图 7-16、图 7-17）。2000 年后美元汇率指数一路下跌，弱美元战略的实施有利於提升美国产品的竞争力，促进其国际收支的平衡。金融危机后，美国汇率不仅没有继续下跌，反而上浮了一段时间，2009 年 2 月，美元有效汇率指数从 2008 年 2 月的 98.31 上升至 110.05，但随著美国量化宽松货币政策的推出，美元汇率又再次走低，美元汇率仍然维持在一个较低的水平（见图 7-18）。由於石油、粮食、黄金等大宗商品均以美元计价，美元汇率与其在期货市场上的走势息息相关，因此投机者往往可以利

用兩者之間的變動關係，尋找美元與商品之間的套利機會，加大市場動盪性。

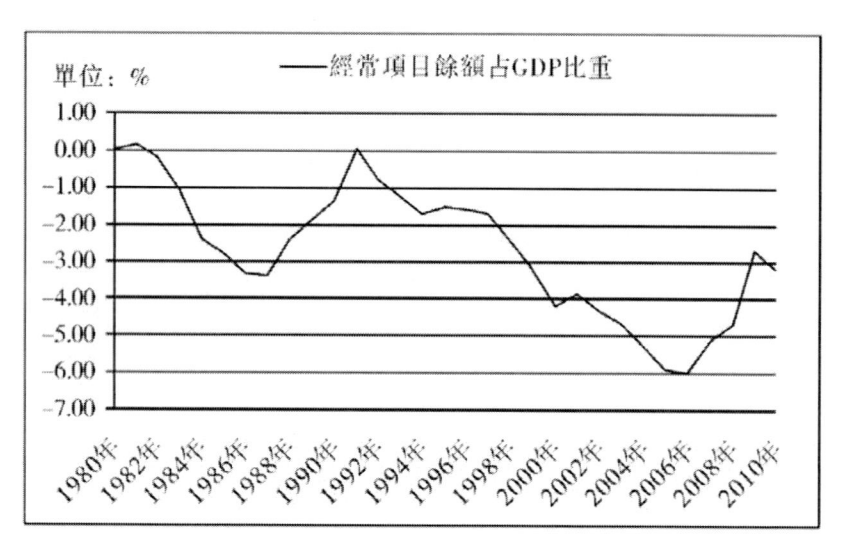

圖 7-16 1980—2010 年美國經常項目赤字占 GDP 的比重

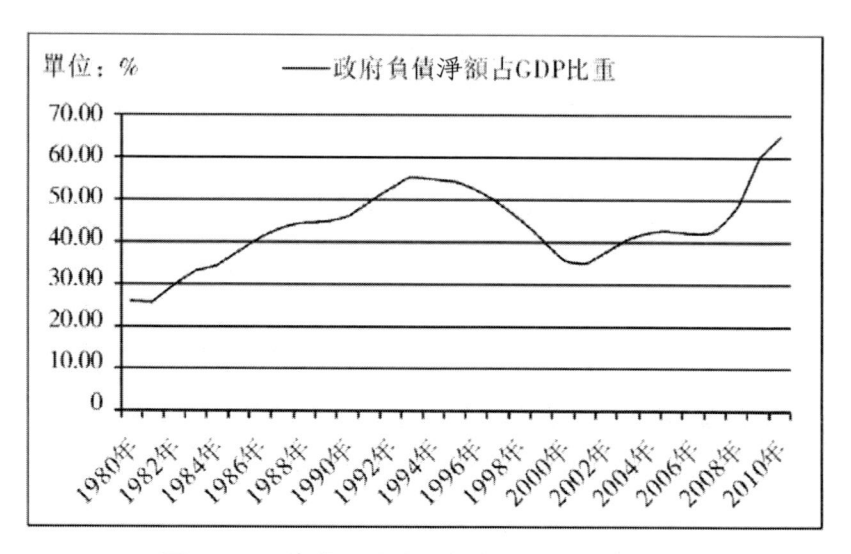

圖 7-17 美國政府負債淨額占 GDP 的比重

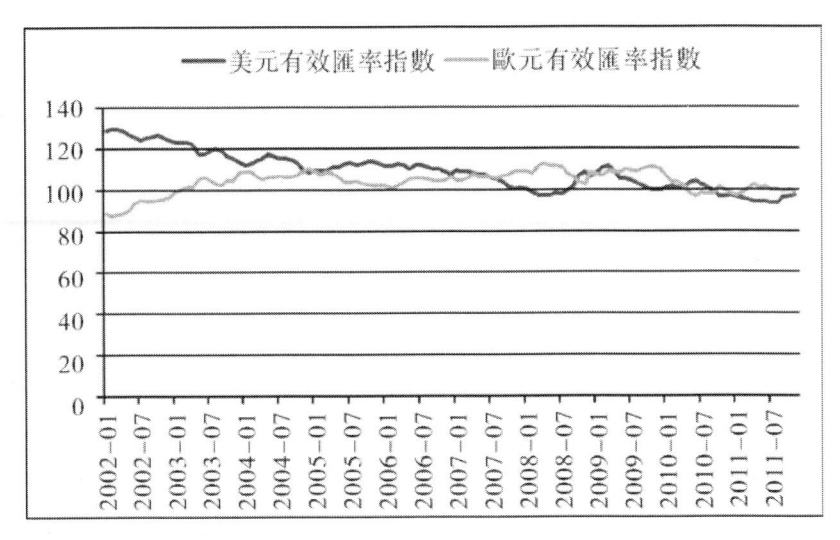

圖 7-18　2002—2011 年美元與歐元有效匯率走勢圖
[以 2010 年為 100 並經居民消費價格指數（CPI）調整]

7.2.3　次貸危機背景下國際資本流動與投機

7.2.3.1　國際資本流動性背景

國際金融體系的主體行為，金融市場的發展，各國的金融政策是決定國際資本形成的重要原因。此次全球流動性的增長週期開始於新千年。20 世紀 90 年代網路泡沫破滅后，美國在 2000 年前后陷入衰退，發達國家紛紛進入降息週期。從美國來看，2001 年至 2003 年 6 月，美聯儲連續 13 次降低聯邦基金利率，利率甚至降至 1% 的歷史最低水平。1980 年以來，美國 6 月倫敦同業拆借利率（LIBOR）呈現震盪下行的趨勢，直至 2010 年已經趨近於零（見圖 7-19）。大量的貨幣資金投入金融市場尋求投資回報，促進了金融市場的繁榮，激勵金融衍生產品的創新，同時也在看似尋常的交易中埋下一顆顆不定時炸彈。

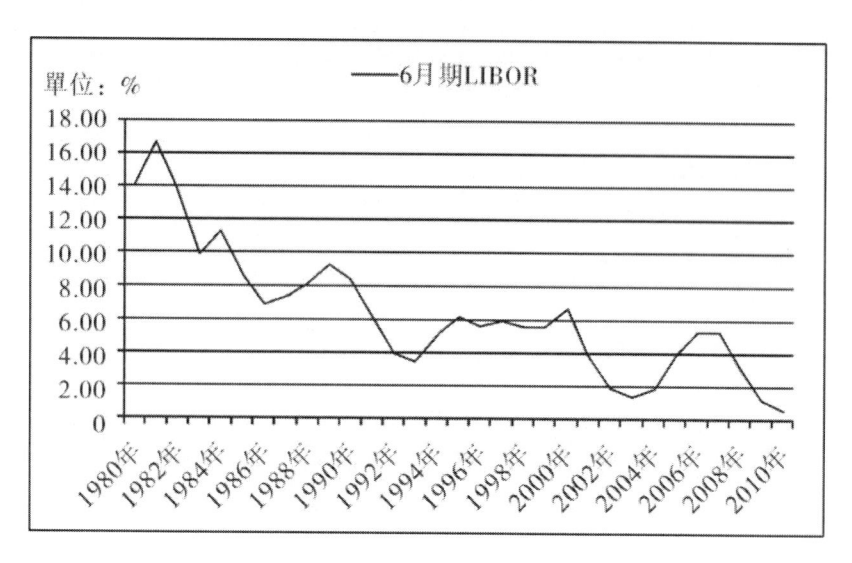

圖 7-19　1980—2010 年美元 6 月期 LIBOR 走勢

從歐元區來看，歐元區的短期利率在 2000—2003 年也連續下調，從 2000 年第三季度的 6.12% 連續下調至 2003 年第三季度的 3.50%。從日本來看，20 世紀 90 年代后，日本經濟一蹶不振，日本政府實質上一直維持著零利率政策。從東亞等國來看，1997 年亞洲金融危機給世界帶來了深遠影響，尤其讓東亞各國更加注重以國際收支盈余來保障本國的金融安全，避免國際貨幣危機重演。進入 21 世紀，東亞經濟體經濟快速增長，其在國際分工中的特殊地位與本身的資源稟賦優勢使得經濟增長方式主要以出口拉動為主，並且儲蓄率長期高於投資率，由此累積了大量的經常帳戶順差。

總體而言，美國通過逐步擴大的經常帳戶赤字向全球注入流動性，東亞等新興市場和石油輸出國通過出口獲得經常項目盈余和外匯儲備吸收流動性，美、歐、日等發達國家的以低利率為特徵的寬鬆貨幣政策降低了金融體系的信貸成本和投資機會成本，為金融市場的資金流動提供了更加寬鬆的環境。

從 2007 年下半年開始，為了抵禦金融危機的衝擊，各國均

採用了寬鬆貨幣政策，G4的廣義貨幣和儲備貨幣有了大幅度提升。石油等大宗商品價格急遽下跌，是炒作熱錢撤離市場的直接結果。金融危機對市場信心和實體經濟的衝擊，以及歐美銀行系統收縮流動性措施的進行，使得國際資本迅速回流。2008年6月，美國國際淨資本流入為511億美元，遠遠高於次貸危機爆發以前的均量223億美元。為防止次貸危機繼續蔓延，進而影響流動性供給並危及實體經濟，美聯儲、歐洲央行、日本央行實行積極的財政與貨幣政策，大規模註資和放鬆銀根，向市場注入大量流動性。美聯儲通過公開市場操作（OMO）、貼現貸款政策、定期拍賣工具（TAF）、一級交易商信用工具（PDCF）和定期證券借貸工具（TSLF）五種工具為次貸風波中的金融市場注入流動性，總計注入的資金達到了19,000億美元。[①] 德國和法國分別推出了260億歐元和320億歐元的經濟刺激方案，中國和日本也相繼推出本國經濟刺激計劃。待全球經濟前景逐漸明朗後，由於寬鬆貨幣政策導致的充裕流動性，國際資本又快速回流至大宗商品市場，包括原油在內的多種商品價格顯著回升。各國央行本打算舒緩銀行體系流動性緊張的局面，而投資者却把更多的資金用於購買和追逐大宗商品。如2008年1月美聯儲降息75個基點和1月30日降息50個基點後，原油價格最高暴漲近30%，商品指數（CRB）上漲20%多，而道瓊斯指數最高漲幅却不到10%。相對於股市而言，原油價格波動更加劇烈，之所以大量資金選擇原油等大宗商品而非股市，重要原因在於，大宗商品，尤其是石油、農產品、貴金屬在一定時期內供給是有限的，而股票的供給和買賣在一定時期內是無限的。與一般初級產品相比，以石油為主的燃料類初級商品的價格波

---

① 張志前，涂俊. 國際油價誰主沉浮 [M]. 北京：中國經濟出版社，2009.

動高於一般性初級商品。從圖7-20、圖7-21可以看出，初級商品價格指數波動非常劇烈，而非燃料初級商品價格指數波動幅度明顯變緩，能源類商品較之其他初級商品更受投資者或投機者青睞。

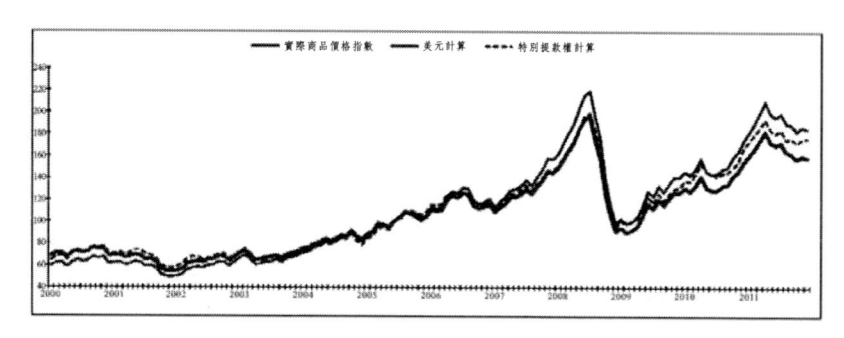

圖7-20　2000年1月~2012年1月初級商品價格指數

註：以2005年為基期，計算種類包括非燃油商品與石油商品價格，經過美國CPI剔除處理。

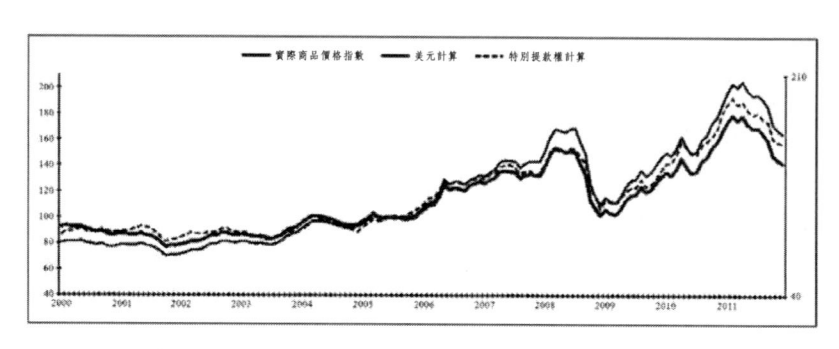

圖7-21　2000—2011年非燃料初級商品價格指數

註：以2005年為基期，包含44種非燃料商品的60種價格序列，加權比重按照2002—2004年平均占世界出口比重，經過美國CPI處理。

資料來源：原油市場月報2011（OPEC）。

7.2.3.2　原油期貨市場放松監管

國際石油衍生品市場是隨著西方國家管制放松而發生與發展的。1986年當第一筆石油價格互換交易產生的時候，美國商品期貨交易委員會曾視其為非法。隨后管制的放松促進了產品、

工具的創新並導致了交易所市場和 OTC 市場相互促進的良性發展局面。

2000 年是商品期貨市場放松管制的開端，「安然漏洞」正是在 2000 年左右暴露的。① 這一年美國通過了商品期貨交易現代化法，2006 年美國期貨交易委員會（CFTC）批准了亞特蘭大的期貨交易所可以在倫敦的分支機構出售紐約輕油期貨合約的申請，同年 9 月紐約商品期貨交易所引入了芝加哥全球電子交易平臺系統。② 隨著交易從交易大廳轉移到在線交易，交易越來越頻繁，很難追蹤每一筆交易背後的交易商以及各筆交易之間的關聯。2006 年 9 月，該交易所內 80% 的原油期貨貿易都發生在交易大廳，而到了 2007 年 3 月，80% 的交易都是在線完成的。這意味著每一筆交易的追蹤技術難度提高，面向紐約商品交易所的監管越來越難。由英國石油公司、殼牌、道達爾菲納埃爾夫、高盛、摩根士丹利和花旗等七個主要的石油公司和主要的投資銀行建立的洲際交易所通過自己建立的 B2B（企業對企業）電子平臺，通過互聯網實現了全球 24 小時不間斷的商品期貨交易，並且按照商品期貨交易現代化法的規定，洲際交易所的期貨合約同樣不受美國政府監管。洲際交易所交易規模迅速膨脹，從原油期貨交易量來看，洲際交易所已經超過了紐交所，受美

---

① 早在 1992 年，安然公司聯合美孚、大陸石油、菲利普斯、英國石油公司北美公司、科氏工業集團等大型能源企業以「能源集團」的名義上書美國商品期貨貿易委員會（CFTC），要求政府放松對其一些關鍵能源期貨合同的監管，並容許能源期貨貿易可以在紐交所之外的其他交易所進行。在 2000—2002 年，安然的能源交易商通過操縱能源期貨市場，製造了加利福尼亞電力恐慌，在沒有監管的情況下，僅僅 2000 年一年，安然公司的投機炒作就造成了整個加利福尼亞對電力的開支上漲了 277%。在操縱能源市場兩年後，安然公司罪行敗露，於 2001 年 12 月 2 日宣布破產。

② MICHAEL YE, JOHN ZYREN, JOANNE SHORE, et al. Crude Oil Futures as an Indicator of Market Changes: A Graphical Analysis [J]. Int Adv Econ Res, 2010, 16.

國政府監管的紐交所原油期貨合約價格只不過成了洲際交易所的「影子價格」。

對原油期貨市場實施的放鬆管制政策縱容了能源交易商哄抬原油價格，而這些交易商是為石油巨頭以及其他利益集團服務的（英國石油公司、壳牌、道達爾菲納埃爾夫等7家公司共持有洲際交易所超過50%的股份，在商品期貨市場上，它們既是商品的交易方，也是在油價暴漲時的利益的相關方）。2000—2007年洲際交易所第三季度利潤比前一年同期增長60%，該交易所將其利潤的增長歸功於不受監管的場外交易。①

7.2.3.3 國際資本投機性加強

從美國商品期貨交易委員會（CFTC）的報告中看出，2000—2006年，投機行為引起的能源交易量大約增長到三倍。金融危機爆發前幾年，對沖基金和投資銀行等大的非商業性交易商在石油和其他大宗商品上投入大筆資金。根據國際能源署數據顯示，截至2008年7月，金融投資者在此類指數上共投入約3,000億美元，幾乎是2006年的4倍。在2008年4月，紐約商品交易所71%的期貨交易合約被投機交易者所持有，而來自英國《經濟學人》的報導則認為，當時參與國際石油期貨市場的投機基金可能高達2,600億美元，是2003年的整整20倍。②

世界性的投機資本運作的主要手段就是衍生工具，由於衍生金融工具的交易實施保證金制度，相對於交易額來說，對保證金的要求比例通常都不超過10%。這就意味著投機資本在槓桿操作下具有明顯的「高收益高風險」特的徵。放鬆管制為投機資本提供了入市的最佳契機，衍生工具脫離了實體經濟，促

---

① 安東尼婭·朱哈斯. 石油黑幕［M］. 李曉春，譯. 北京：中國人民大學出版社，2009.

② 殷建平，劉念. 國際石油價格上漲中的美元因素［J］. 價格月刊，2008，10.

成了巨大世界性投機活動，也加劇了石油期貨市場的動盪。2001—2007年，原油期貨貿易合同從3,700萬美元增長到7,000多萬美元，漲幅在90%以上。據經濟學家菲利普弗萊杰估計，僅僅在2004—2006年，紐約商品交易所中原油期貨合同的投資額就達到600億美元。隨著投資銀行與對沖基金的大量介入，石油市場的動盪更加劇烈。當宏觀經濟環境發生變化，抑或石油利益集團為了某種目的「炒作」題材時，大筆資金投入一份期貨合約，必然造成需求突然上漲，而敏感的石油市場立即回應，則引發價格波動。實證表明，機構投資者的持倉對散戶行為具有明顯的情緒示範效應。①

7.3 核心資源更迭與市場控制權爭奪

7.3.1 資源計價貨幣爭奪

7.3.1.1 英鎊與煤炭的捆綁

結算貨幣—儲備貨幣—錨定貨幣往往是一國貨幣成為國際貨幣基本的途徑。由於能源貿易在所有大宗商品貿易中占據絕對優勢份額，掌握了能源貨幣結算權就意味著該貨幣具有巨大的市場容量，因此，與國際大宗商品，特別是能源商品的計價結算綁定權往往是貨幣崛起的起點。16世紀，歐洲西北角取代地中海地區和義大利地區成為新的國際貿易中心。荷蘭國力不斷增強，成為「海上馬夫」控制了世界貿易的霸權，一直到18世紀，荷蘭盾在國際交易中都充當了關鍵貨幣。在工業革命之前，人類生產還停留在手工作坊階段，對能源需求量很少，能

---

① 馬登科，張昕. 國際石油價格動盪之謎——理論與實證 [M]. 北京：經濟科學出版社，2010.

源和貨幣綁定關係還不明顯。17世紀，英國經濟開始加速，同時荷蘭經濟漸漸衰退。到了18世紀末期，英國最終取代荷蘭成為世界領先的貿易強國，倫敦替代阿姆斯特丹成為最重要的金融中心，英鎊也代替荷蘭盾成為新的關鍵貨幣。在這一階段，工業革命下機器大工業的迅速擴張讓能源消耗膨脹式發展，能源與關鍵性貨幣的綁定成為當時面臨的迫切問題。1840年，英國率先完成了工業革命，煤炭成為其經濟發展的主體能源。19世紀中葉，世界煤炭總產量的2/3左右都來自英國，並且英國在1816年開始就成為煤炭淨出口國，成為世界煤炭供給的主要來源地。隨后，歐洲國家先后完成了工業革命，重工業快速發展，對核心能源——煤炭的需求量越來越大。從能源更迭的角度可以看出，英國之所以能率先發展並完成工業革命，國內豐富的煤炭資源儲量及生產能力起到了非常關鍵的作用。由此帶來的能源控制力，是推動英鎊成為世界上的關鍵貨幣的重要力量。[1]

7.3.1.2 美元霸權崛起的能源視角

凱文・菲利普在其作品《21世紀的美國神權政治：激進宗教的危害和政治、石油和債務》中寫道，任何偉大的帝國主義都是建立在控制最有效資源的基礎之上的，荷蘭帝國建立在風能基礎上，很快被建立在煤炭和蒸汽機基礎上的英國取代了，但是英國的地位很快又被石油資源豐富的美國所取代。

從19世紀50年代后期開始，德國煤炭出口總額擴大，逐漸成為英國煤炭出口的有力競爭者，同時美國在煤炭生產和國貿領域也快速發展。由於德國和美國煤炭出口量的急遽增長，英國失去煤炭出口大國地位。到19世紀末20世紀初，美國一躍成為世界上最大的煤炭生產國和消費國，1910年美國的煤炭產量

---

[1] 管清友. 石油的邏輯——國際油價波動機制與中國能源安全 [M]. 北京：清華大學出版社，2010.

幾乎等於德國和英國兩國的總和。而這段時間也是英國大國衰落和金本位制解體的時間，英國已經無力與美國抗衡。美元取代英鎊成為關鍵貨幣的重要原因，除了直接受益於兩次世界大戰之外，也伴隨著石油對煤炭的核心能源地位的替代。由於石油在軍事、燃料方面的突出貢獻，兩次世界大戰讓石油的戰略價值迅速提高，美國也成為二戰期間盟國的主要能源供應者。20世紀30年代末，美國和蘇聯成為主要石油出口國，石油消費量迅速擴大，動搖了煤炭在國際能源市場中的主體地位，石油國際貿易開始在全球能源貿易中占據顯要位置。回顧英鎊地位的興衰，英國在煤炭市場上的霸權伴隨著金融霸權，相類似的是，美國在墨西哥灣掌握石油市場絕對控制權的時候正是美國政治、經濟、軍事實力不斷擴張的時候，美國的石油霸權也成為美元霸權的基礎，並進一步鞏固了美國在世界政治經濟格局中的重要地位。

7.3.1.3 石油計價貨幣爭奪

從國際政治經濟學新現實主義的視角來看，世界領域霸權主要有三，一是軍事霸權，二是金融霸權，三是能源霸權。這三種霸權往往互相聯繫，互相滲透，共同維護國家利益。從能源霸權與金融霸權的演進史中可以看出，英國正是在煤炭與英鎊的捆綁中鞏固了其在第一次世界大戰前的霸權地位，隨著美國煤炭進口量超過英國，英國丟失了煤炭英鎊的計價壟斷權，英國的霸主地位開始走向沒落。

1972—1973年第四次中東戰爭期間，沙特阿拉伯亟須尋求美國的軍事支持。美國也對沙特阿拉伯豐富的石油資源覬覦不已。美國與沙特阿拉伯之間達成秘密協議，美國支持沙特阿拉伯議院，但沙特阿拉伯石油僅能用美元支付，OPEC其他成員也緊隨沙特阿拉伯之后。因為世界石油多從阿拉伯國家購買，所以全世界石油計價機制都與美元緊密結合在一起。美國在全球

的能源霸權通過金融這一介質得以牢牢穩固下來。如果用歐元來代替美元充當石油貿易的交換媒介，或讓它與「石油美元體制」並存，后果如何？如果僅僅是歐佩克在「石油歐元體制」中交易，「以2002年為例，外國人持有的美國企業債券的46%、股票的11%、總資產的23%都會迅速被抽走，美元將貶值30%以上，美國將會有高達4,400億美元的對外貿易逆差無法用資本項目下的資金彌補，支出陷入困境，居高不下的軍費開支無人買單……如果再推算下去，美國可能淪為二流國家」[①]。

雖然石油美元鞏固了美國霸權地位，但由於美元本位制的根本缺陷，石油美元計價的不穩定性越加凸顯。極其依賴石油出口的海灣國家的經濟狀況與美國貨幣政策和美元走勢息息相關，經濟自主調控能力欠佳。海灣國家的通脹率在最近十年中居高不下，遠遠高於同期的世界平均通脹率，也高於歐洲與亞太地區，給經濟發展及居民生活帶來了負面影響（見表7-2）。阿拉伯貨幣總署董事長賈西姆·邁納伊就此呼籲海合會國家應當就本國貨幣與一攬子貨幣掛勾的問題進行協商。另外，美元的持續貶值讓歐佩克國家收益縮水，一些海灣國家開始考慮用石油歐元替代石油美元。

表7-2　　世界各地區的消費者物價增長率　　單位:%

年份\地區	世界	中東地區	歐洲地區	亞太地區
2008年	5.9	15.0	12.1	7.8
2009年	2.3	7.6	8.4	3.1
2010年	3.4	6.8	6.3	5.9
2011年	4.5	10.3	7.6	6.6

資料來源：國際金融統計年鑒（2011）。

---

① 戴德錚，舒先林. 石油開弓，一石五鳥——美國的中東石油戰略剖析[J]. 中國石油企業，2003（6）.

就目前來看，僅有三個國家敢於公開挑戰石油美元計價機制。第一是伊拉克。在薩達姆執政期間，伊拉克在2000年11月將歐元作為石油銷售的計價貨幣。如果拋開政治層面的因素，以歐元替代美元的計價轉換對伊拉克經濟方面具有一定的成效。伊拉克啓動石油歐元機制后，歐元的匯率開始走強。從歐元的歷史走勢中可以看出，只要把石油交易貨幣轉換為歐元的消息一經透出，歐元走勢便會水漲船高；一旦消息破滅，歐元價值就會下跌（見表7-3）。

表7-3　歐元、美元走勢與石油計價事件的聯繫

1999年1月	歐元發行
1999年1月~2000年10月	美元走強，歐元相對於美元處於「熊市」
2000年11月	伊拉克宣布石油以歐元計價，歐元相對於美元跌勢中止，美元指數在當年11月、12月大跌
2002年4月	歐佩克高級代表發布演講，宣布歐佩克將考慮改為歐元計價的可能性，美元指數連續三個月大跌
2002年4月~2003年5月	歐元相對於美元處於「牛市」
2003年6月~2003年9月	美國將伊拉克石油銷售轉變為重新用美元計值
2003年10月~2004年2月	俄羅斯和歐佩克的政客和官員們宣稱，正在考慮石油以歐元計價，歐元相對美元上升
2004年2月10日	歐佩克開會，並沒有達成轉為使用歐元的決定
2004年2月~2004年5月	歐元相對於美元下跌
2004年6月	伊朗宣布建立石油交易所，歐元相對於美元重新上升
2006年3月	伊朗建立以歐元計值的石油交易所，歐元相對於美元上升

很多政治、經濟領域的學者認為，美國發動伊拉克戰爭是「醉翁之意不在酒」，除了伊拉克本身的資源儲量吸引之外，伊拉克將石油出口的結算貨幣由美元改為歐元也是美國打擊伊拉克的原因之一。這也是美國對中東國家的警醒。

　　第二個敢於公開挑戰石油美元計價機制的國家是伊朗。早在 1999 年，伊朗就宣稱準備採用石油歐元（Petroeuro）計價。2006 年 3 月，伊朗建立了以歐元作為交易和定價貨幣的石油交易所。伊朗一向被認為是邪惡軸心國，對美國態度強硬，美伊關係一直非常緊張。根據推測，這很可能是美國目前發動對伊朗經濟制裁的重要理由。

　　第三個國家是委內瑞拉。委內瑞拉也是一個時常與美國唱反調的國家，在查維斯的領導下，委內瑞拉用石油和 12 個拉美國家（包括古巴）建立了易貨貿易機制。

　　對歐佩克國家而言，計價貨幣從美元轉換為歐元，可為它們帶來多方經濟利益。首先，歐元區沒有很高的貿易逆差，相對美元的持續貶值，匯率走勢較平穩。其次，歐盟是中東第一大貿易夥伴，直接用歐元支付可以滿足中東與歐盟之間的一切貿易活動。最後，歐佩克國家持有更多的歐元資產，石油歐元計價將推高歐元價格，從而使資產升值。

　　石油歐元如果出現，必將衝擊美元作為國際貨幣的地位。歐元替代美元作為結算貨幣，歐洲的美元資產將大幅度收縮，大量從中東進口的日本也會以歐元資產替換大量美元資產，如此一來美元資產在全球儲備中所占的比例將大大減少。美國是世界最大的石油消費國，石油進口需要大量的歐元支付，這就需要美國通過經常項目順差來獲得歐元。這樣一來，美國長期貿易赤字、資本項目順差的局面便不可持續，必須尋求新的轉化，來實現經常項目從逆差到順差的轉變。這一過程也許會以國內房地產和股票市場崩潰、國內對石油天然氣供應收縮作為

代價。雖然目前歐債危機將歐盟拖入經濟衰退的泥潭，歐元地位受到嚴重威脅，歐債風波后歐元何去何從尚不確定，但石油美元有朝一日被其他計價方式替代並非不可能。同時我們也應注意到，美國不會輕易讓石油與美元脫鈎。蒙代爾一針見血地指出：在國際貨幣發展史中，永恆的主題就是處於金融權力頂峰的國家為了避免降低自身的壟斷力量，總是拒絕國際貨幣體系改革。石油與任何一種貨幣掛鈎都有不完善性，而脫離單一國家主權的超主權貨幣體系可能是最佳構想。但這一過程是緩慢的、充滿挑戰的。如今美國和加拿大的頁岩氣和頁岩油的蘊藏量極為豐富，是沙特阿拉伯石油蘊藏量的三倍多，在油價高漲的背景下，開採頁岩氣和頁岩油的經濟價值大增，改變了全球權利平衡，美元將繼續與新的替代能源掛鈎。可以預見，在貨幣與能源捆綁的模式下，未來美國依然可能是能源市場的主控方。

7.3.2 石油市場金融控制權的爭奪

7.3.2.1 金融壟斷資本控制石油市場的歷史溯源

1.「馬歇爾計劃」背後的石油控制

二戰后，多國元氣大傷，經濟疲軟。整個歐洲損失慘重，百廢待興，美國因為中立國的原因未受影響，反而通過戰爭大大提高了自身的實力和美元的地位。在馬歇爾歐洲復興計劃中，石油所起到的作用却很少被關注。從 1947 年開始，西歐的歐洲復興計劃受援國最大單項支出就是利用援助的美元購買石油，而這些石油主要是由美國公司供給的。根據美國國務院的官方記錄，美國用於馬歇爾援助的美元中，大約 10%因為購買石油又回到了美國人手中。另外，戰爭使得美國石油產業地位大大提高，它們的石油資源主要位於委內瑞拉、中東等遙遠地區。同時，戰爭又使歐洲以煤炭為主要能源的局面受到嚴重的破壞。

德國失去了東部煤田儲備，西部地區的煤產量只有戰前的40%；與1938年相比，英國的煤產量下降了20%。1947年，一半的西歐石油是由美國五家石油公司（新澤西標準石油公司、索可尼—圍康姆石油公司、加利福尼亞標準石油公司、德士古公司和海灣石油公司）供給的。這些石油公司精心設計了複雜公式計算運費，與加勒比海運往歐洲的運費掛勾，但遠遠超過成本，迫使歐洲國家支付高昂的價格。在華盛頓政府的支持下，美國公司拒絕使用馬歇爾計劃中的美元擴大歐洲本土的煉油能力，有利於美國進一步實施對戰后歐洲的石油控制。

2. 美英金融機構控制波斯灣市場

二戰期間沙特阿拉伯脫離了英國的控制，美國石油公司在中東尤其是沙特阿拉伯的石油開採權中獲得了重大利益。沙特阿拉伯國王曾於1943年從羅斯福總統手中得到一份土地租借協議，是美國為確保沙特阿拉伯戰后對美國石油利益集團保持親善所作出的一種姿態。紐約花旗銀行也成為當時能夠在沙特阿拉伯開展業務的唯一全外資銀行。美國的外交政策已經脫離本土，開始控制遠離本土的戰略利益。這成為美國戰后權利的支柱。到20世紀50年代，英美石油公司控制了廉價的中東石油供給，以及歐洲、亞洲、拉美和北美洲的市場。1974年，歐佩克石油剩餘收益中約70%的份額投入英國、美國和其他發達國家的金融市場，如股市、債券市場等，也有一部分進入了房產市場或其他領域。[①] 1974年，美國與沙特阿拉伯簽署了一份協議，在此安排下，紐約的聯邦儲備銀行與沙特阿拉伯貨幣當局形成一種新的合作關係。按照規定，沙特阿拉伯貨幣局將購買持有期至少一年的美國財政部新有價證券。在1975年的歐佩克會議中，美元作為石油出口的唯一支付貨幣的決議得到確定。

---

① 參考 bank for international settlements, Annual report Basle, June 1976。

石油美元通過倫敦、紐約等金融中心的循環運動，也使得美國金融壟斷資本勢力得到擴張，美國銀行成為世界銀行業的領軍者，同樣也使得它們的客戶——「七姐妹」石油跨國集團成為世界工業的巨頭。英美石油業與金融業的聯合，成為控制能源與金融兩個市場的中堅力量，建立了金融與能源領域的新型霸權。

7.3.2.2 資本營運控制原油產地

美國是當今世界最大的石油產業投資國，在全球石油產區的資本營運行為對整個石油市場起著舉足輕重的作用。近年來，幾內亞灣沿岸的西非國家已成為美國實施非洲石油資源戰略的頭號目標。埃克森美孚公司耗資37億美元，鋪設了一條長達1,000千米的輸油管道，將獲得的石油輸往喀麥隆的大西洋沿岸，並計劃投入數百億美元，開發非洲油氣資源。同時，美國正極力緩和同利比亞、蘇丹等擁有豐富石油資源國家的關係。據美國劍橋能源研究協會估計，國外大石油公司2003—2010年在伊拉克的勘探開發，累計投資額可能為300多億美元，而戰后伊拉克大油田70%以上的權益被資金雄厚、技術先進的美英公司控制。目前，在控制中東石油資源的世界石油巨頭中，美國的埃克森美孚、雪佛龍公司等占據了重要位置。[①]

7.3.2.3 石油市場的操縱性可能

能源商品的生產具有壟斷性、集中性、市場信息非透明性的特點，國際石油市場中不能排除被操縱的可能性。這種操縱性不是指市場劇烈波動下，產油國或地區通過產量的增減對國際石油市場進行調節以平抑油價，因為這種供給政策行為主要目標是整個市場的穩定。相反，市場的操縱往往意味著人為製

---

① 馬小軍，惠春琳. 美國全球能源戰略控制態勢評估 [J]. 現代國際關係，2006，1.

造油價波動並從中獲利，或者出於本國政治、經濟利益等目的對石油市場進行干預。

1. 石油庫存釋放影響石油市場

石油庫存可以分為政府戰略石油儲備和企業商業石油庫存。戰略石油儲備是國家出於安全考慮，為防備戰爭、自然災害等突發事件引起的石油供應中斷而儲備的石油庫存。商業石油庫存通常掌握在石油公司手中，石油公司根據市場情況和預期變化調整自己的庫存水平。研究證明，商業石油庫存對石油價格的影響明顯大於戰略石油儲備，這是因為戰略石油儲備一般比較穩定，不參與商業貿易。當然如果發生特殊事件（如颶風破壞煉油設施）時，政府大幅度增加戰略石油儲備，將影響市場供需平衡，從而影響石油價格。商業石油庫存直接反應的是石油市場的供求關係，因此商業石油庫存變化與油價走勢密切相關。一般而言，供需緊張往往伴隨著低庫存和高油價，供應充足時往往伴隨著高庫存和低油價。但同時，主動增加庫存，庫存就轉化為市場需求，在供應不變的情況下，價格上漲。所以，庫存和油價的變動關係可以是正面的，也可能是負面的，關鍵在於庫存變動的原因，是主動還是被動。

西方發達國家是全球石油消費的主要群體。OECD成員國石油庫存40%左右儲存在美國，因此美國商業石油庫存的變動對油價影響較大。以美國為首的西方石油消費國憑藉龐大的石油庫存量和完善的庫存信息發布體系，掌握了石油市場的主動權。由於國際能源署每天可以釋放1,200萬桶原油，對石油市場供求產生重要影響，因此國際能源署實際上是OECD國家對抗歐佩克，爭奪國際石油定價權的重要戰略工具。

美國是世界石油儲備量最大的國家，自1985年以來，美國曾18次使用其石油儲備，包括2008年墨西哥灣颶風后的應急釋放。在以發達國家為利益代表的國際能源署中，美國占據關鍵

地位，並在關鍵政策措施方面對成員國施加影響，達到本國政治或經濟方面的目的。2011年6月23日，國際能源署公開表示，「為彌補利比亞供應缺口，防止石油供應短缺，危害世界經濟」，28個成員國同意在一個月內釋放6,000萬桶應急儲備，平均每天釋放200萬桶。據路透社的報導，美國官員之前耗費了一個半月的時間暗中尋求國際能源署成員國和歐佩克重要盟友的支持。根據國際共識，一般在石油供應中斷量達到5%后才會釋放戰略石油儲備。2011年由於美國切斷利比亞石油交易金融鏈，才人為創造了2%的中斷。如果再次釋放，將成為一年內的第二次。近期高油價造成奧巴馬支持率下降，進口物價成本上升，美國政府在選民壓力下，通過國際能源署影響石油市場、控制油價走勢的態度十分明確。①

2011年美國施壓國際能源署釋放石油儲備引起廣泛爭議。由於戰略石油儲備一般只在緊急狀況下動用，歷史上美國僅兩次釋放石油儲備，一次是海灣戰爭，一次是卡特里娜颶風，而本次美國釋放3,000萬桶石油儲備被認為是政治作秀，非緊急性需要。並且現實證明，此次釋放石油儲備未能達到良好的效果。第一，對國內汽油價格沒有影響，因為在日本海嘯與世界經濟衰退下汽油價格已經下降。第二，對石油供給沒有影響。因為利比亞動亂事件后國際石油市場已經趨於穩定，市場消費已經根據利比亞損失而調整。第三，雖然釋放儲備后石油價格明顯下跌，但很快被市場信息吸收，油價再度上升。3,000萬桶原油儲備僅相當於美國1.5天的原油消費，即使是源於緊急性石油供給缺口，所起到的作用也只是杯水車薪。因此，此次石油儲備的釋放被視為對國內政治不滿情緒的安撫，由此也導致

---

① 參考《美欲釋放石油儲備應對高油價》，搜狐財經，2012-03-16，http://business.sohu.com/20120316/n337893965.shtml。

了國際能源署中部分國家的不滿。①

2. 金融機構、跨國石油公司的投機以及價格操縱

除了埃克森美孚（有待證實）② 幾乎所有的石油巨頭都參與了能源金融市場的交易。美國商品期貨委員會（CFTC）對投機者的定義是：那些不生產或使用某種商品却投入資金從事這種商品期貨交易並希望價格的變化為其帶來利潤的人。換言之，儘管交易成立，但投機者不會用到這種商品。從這個定義來看，所有參與石油行業中的商業實體就不能被歸為投機者，因此石油公司和參與石油業務的銀行不被歸入其中，這樣有助於石油公司和銀行躲過政府對投機貿易的限制和監管。

實質上，所有購買期貨數量超過自身需要的實物數量的人都在參與投機，不論其是何種身分。此外，石油巨頭的報稅單顯示每一家公司均在從事康菲所說的「與實物貿易不相關的能源交易」。這些公司坦承除了在洲際交易所和紐約商品期貨交易所參與買賣之外，還從事易貨貿易和場外交易，並從中獲取利潤。壳牌、馬拉松和英國石油公司北美公司均被披露利用期貨市場來操縱價格。2004 年，壳牌同意支付近 4,000 萬美元以解決兩項針對它操縱能源市場的起訴。2006 年，商品期貨貿易委員會做出一項民事處罰，懲戒壳牌在美國原油期貨市場中的反競爭行為。

通過觀察美國石油商業庫存和國際石油價格變動可以發現，2008 年美國石油商業庫存並沒有像往年一樣體現出明顯的季節

---

① Brandon, Hembree：Oil from the strategic reserve：Was it an emergency or just more politics？[M]．Southeast Farm Press，2011．

② 埃克森美孚是唯一一家在報稅單中聲明沒有從事投機貿易的石油巨頭。雖然結論有待證實，但是眾所周知，埃克森美孚已經是全球最賺錢的石油公司了，它只需要享受別人投機帶來的好處即可。另外，埃克森美孚一向以守舊聞名，改變的速度是非常緩慢的。

性，而是隨著國際油價的震盪，向著利益最大化的趨勢變化，甚至體現了一定的預見性。2008 年 5 月，國際油價衝上 120 美元/桶，此時美國商業庫存並沒有按照季節規律增長，而是在 19 周以后開始下降。在 2008 年 7 月中旬油價下跌后，日本、歐洲分別在第三、四季度大規模對石油進行抄底購入，但油價依然停在半山腰，美國沒有採取行動；而直到 2008 年年末油價見底，美國商業庫存才於 2009 年 1 月大幅度回升，此時的國際油價在 40 美元/桶左右（見圖 7-22）。雖然沒有進一步證據，但美國庫存在油價漲跌中的完美表現，不得不讓我們懷疑，美國華爾街投機者在本輪金融危機中推動油價變動起了重要作用。

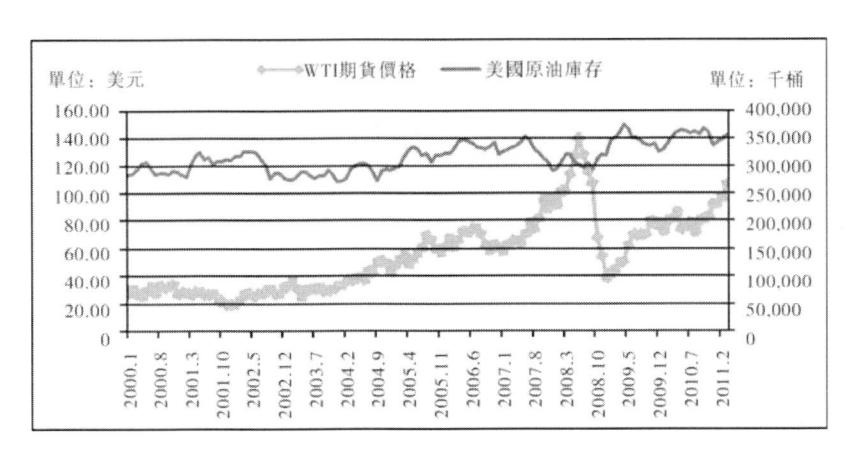

圖 7-22 2000—2011 年美國原油庫存與 WTI 期貨價格走勢圖

7.3.2.4 交易所建立與石油定價權的爭奪

隨著石油金融化帷幕的拉開，各國對石油定價權展開了激烈的爭奪。石油定價權與市場容量、大國權力緊密結合在一起。從起初的跨國公司壟斷定價，到 OPEC 定價，再到多方共同定價、期貨市場定價，國際石油市場表現出各國及相關利益集團對石油資源控制力量的消長。

期貨交易所的規模和影響力是原油定價權的核心，全球範

圍內成為油價基準的市場包括紐約商品期貨交易所，倫敦國際原油期貨市場，鹿特丹、紐約以及新加坡成品油交易市場。這些市場所在國家或地區對油價的控制發揮著重大作用。市場所在國家或地區擁有規則制定權，可以通過對期貨合約的交割標準包括油品品質、單個合約數量等的規定，使其符合本國消費習慣和貿易特點，使市場能夠反應本國的供求關係，交割地點一般也更有利於本國、本地區的交易參與者。同時，市場所在國家還可以通過實施對本國市場的監管權來影響市場，實現主場優勢。亞太地區是未來石油需求的聚焦點，近年各國針對亞太地區的原油價格話語權的爭奪正在激烈地展開，如日本和新加坡紛紛建立了石油期貨市場，成為亞洲最大的兩個能源期貨市場。

7.3.3 石油市場的軍事控制權爭奪

石油的稀缺性、耗竭性、與社會經濟密切關聯等特點，加大了各國對石油資源的激烈爭奪，各國甚至不惜動用軍隊和武器，這大大增加了石油地緣政治的動盪性。對石油的爭奪意味著高成本的付出，石油戰略的背后需要強大的金融戰略進行支撐。世界能源格局表現為兩個權利不對稱。從綜合實力來看，石油淨進口國的權利大於石油出口國；從特定的能源領域來看，石油出口國權利大於石油淨進口國。由於相互依賴關係的存在，這兩大集團在一定程度上處於穩定對峙狀態。

美國是全球最大的石油消費國，占世界總人數5%的人口卻消費著世界上42%的能源，海外石油依賴度極高。一直以來，美國都從經濟、政治等方面力求建立以美國為主導的國際能源

新秩序。① 進入新世紀后，美國利用其在國際政治經濟組織中的優勢地位和美元的特殊地位，利用其市場優勢和新興產業優勢，借助北美自由貿易區、世界貿易組織和海灣戰爭、科索沃戰爭等時機不斷擴大政治、經濟、軍事勢力，使美國實力和國際影響力進一步擴大。「9·11」事件后，美國利用反恐大旗，將其觸角伸入中亞地區，加強了在該地區的軍事力量，其中一個重要的目的就是獲得這個地區豐富的石油資源。

隨后，美國又發動了伊拉克戰爭，加強了其對海灣地區石油的控制，從戰略上完成了對石油資源控制的基本佈局。雖然一直樹立「反恐」旗號，美國出兵伊拉克的目的却昭然若知，不僅僅是為了獲得石油收入，更重要的是，通過控制伊拉克的石油生產，掌握在國際石油市場中的主動權。伊拉克境內石油儲量豐富，居世界第三位，並且開採成本極低，美國控制了該國的石油生產，通過增減產量來影響國際石油市場，將大大削弱歐佩克的權利。除了進駐產油國，部署武裝力量之外，美國還利用強大的軍事實力與雄厚的經濟實力在海外各地建立起軍事基地，加強其在各戰略地點的軍事控制，尤其是加強了對石油運輸海上通道的控制，以保障石油運輸安全。

美國之所以在動盪政局引發油價暴漲的隱患下依然堅持對中東產油國或地區的軍事控制，其原因之一在於美國在對外軍事戰略擴張的同時，也加快了能源戰略的轉型，減少了對中東地區的石油依賴。2009年，美國僅有17%的進口石油來自中東及海灣地區，對中東石油的依賴度大大降低。實際上，中東地緣政治動盪對美國的影響要小於其他石油消費國。過去幾年間美國能源自給率逐漸提升，並在2011年前10個月達到81%。這

---

① 海平. 石油價格波動的地緣政治分析 [J]. 銀行家，2008，9.

是自1992年以來的最高值。① 另外，美國和加拿大的頁岩氣和頁岩油的蘊藏量是沙特阿拉伯石油蘊藏量的三倍多，在石油供給偏緊與高油價背景下，開採的經濟價值大增，改變了全球的權力平衡狀態，對美國大為有利。

---

① 張茉楠. 美國能源結構轉變，石油需求加速東移 [N]. 中國證券報，2012-02-22.

8 石油金融化的國際影響分析

8.1 石油金融化對國際貿易的影響

8.1.1 石油貿易方式的多元化

石油表現出金融屬性，主要體現在石油金融市場的出現，以及石油作為價值衡量商品參與國際貿易。因此石油金融化的發展不僅對石油貿易方式產生了深遠的影響，同時對一般商品貿易的變革也有一定的影響。

第一，隨著世界石油市場的發展和演變，石油貿易的計價體系呈現出多元化的特徵。石油貿易不再以歐佩克的官方定價進行，而是形成了以期貨為中心的市場化定價機制，這一價格成為世界上多數地區進行現貨貿易的計價基礎，即在一種或者幾種參照原油的價格的基礎上，加升貼水。基本公式為：

$$P = A + D$$

式中，P 為原油結算價格，A 為基準價，D 為升貼水。其中基準價不是某種原油某個具體時間的具體成交價格，而是與成交前後一段時間的現貨價格、期貨價格或某報價機構的報價相聯繫而計算出來的價格。不同貿易地區所選基準油不同，石油期貨市場定價取代了歐佩克市場壟斷定價，形成了世界原油貿易計

價的多層次格局。

第二，石油貿易形式多元化發展。石油市場形成了石油實貨貿易、紙貨貿易並存，中遠期、長期合約、期權期貨、場外合約等多元化市場交易形態（見圖8-1），增大了石油市場的交易靈活性和便利性，有助於滿足石油貿易在外部價格風險下的避險性需求。另外，石油易貨貿易將一般商品貿易結合起來，改變了傳統大宗商品的貿易格局。尤其在金融危機的衝擊下，部分石油進口國因進口信貸或資金需求的緊張，已經將石油易貨貿易、資產換石油等形式更早地提上日程，石油體現出價值尺度的功能，為大宗商品貿易提供了極大的便利性。

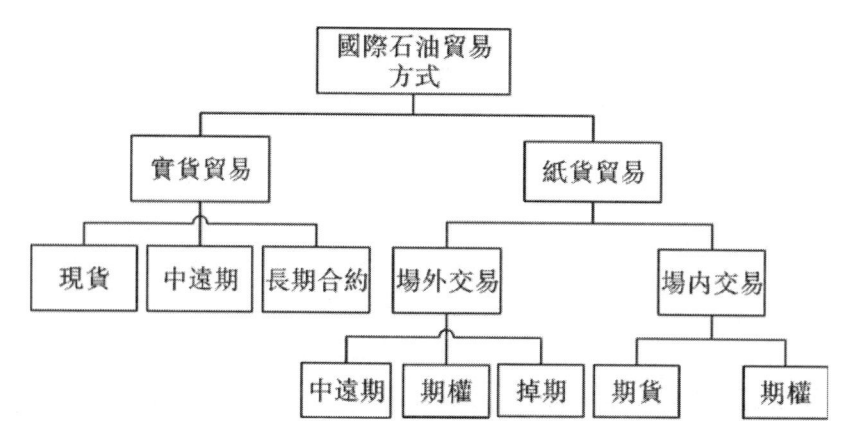

圖 8-1　國際石油貿易方式及其市場形態體系

8.1.2　計價體系與「亞洲溢價」

現行的原油計價體系中，根據地區的不同選擇不同的計價體系，如出口北美的石油以西德克薩斯中質油為基準，出口到歐洲的基本選擇布倫特油，出口到遠東地區的則選擇阿曼和迪拜原油。中東地區和亞太地區根據基準油和價格指數加上一定程度的升貼水作為最終報價。國際能源署最新數據顯示，2010年和2011年全球石油需求增幅分別為2.2%和1.5%，亞洲需求

增量占全球增量的比重在2010年和2011年分別為52.1%和48.9%。隨著亞太石油需求的不斷增長，「亞洲溢價」問題的應對變得越來越緊迫。所謂「亞洲溢價」，就是指自20世紀80年代末以來，亞洲地區的主要石油進口國進口相同的中東石油需要比歐美地區支付更高的價格，從而形成「溢價」的現象，並且這一溢價還呈現逐步上升的態勢。產生「亞洲溢價」的原因主要包括以下幾個：

1. 亞洲石油進口來源過於依賴中東地區

美國和歐洲的原油來源較分散，特別是美國有來自南美、加拿大和墨西哥的原油作為主力油源，歐洲有來自俄羅斯的原油作為穩定的油源。為了保證自產原油在歐美市場的競爭力，中東國家在價格上會做出一定程度的讓步；而亞洲石油進口國對中東石油存在普遍的過度依賴現象，尤其是東北亞主要石油進口國，如中國、韓國和日本。2002年，中國、日本對中東石油的進口依存度分別達到38.75%、78%。然而，這一趨勢非但沒有減弱，而且有愈演愈烈之勢，2010年中國和日本對中東石油進口依存度分別達到40%和79.5%（見表8-1）。迪拜現貨價格的形成具有較低流動性和透明度，這在一定程度上增加了中東國家向亞洲國家出口時定價的隨意性，給中東石油出口國操縱出口到亞洲國家的原油價格提供了空間和可能。亞洲石油進口國對迪拜原油作為基準原油已逐漸喪失信心，要求改變基準原油的呼聲日漸高漲。

表8-1　2010年亞洲地區部分國家對中東國家的石油進口數量

國家	進口量（千桶/日）	占總進口的比重（%）
中國	2,383	40.0
日本	3,629	79.5

表8-1(續)

國家	進口量（千桶/日）	占總進口的比重（%）
印度	2,612	72.6

資料來源：依據英國石油公司能源統計年鑒（2011）數據計算得出。

2. 缺乏有影響力的石油期貨市場

石油定價金融化之后，國際原油期貨價格主要由紐約商業交易所、洲際交易所決定，歐美成為定價權的中心。從亞洲石油消費市場來看，亞洲具有多種石油消費市場，東北亞每天的石油需求可與歐美消費規模相匹敵。雖然消費需求強勁，但亞洲地區期貨市場發展滯后，亞洲最大的兩個能源期貨市場是日本石油期貨市場和新加坡石油期貨市場。由於缺乏類似於倫敦國際石油交易所或紐約商品交易所的區域石油期貨市場，因此呈現出多種基準油和多種報價體系並存的局面，而這些基準油又受到紐約商品交易所石油價格的引導，並不能反應本地區的石油供求關係。

另外，亞洲石油市場分割，有較強的規制，市場流動性和透明度不高，普遍存在市場化程度和交易效率低下、本地區的石油儲備有限等問題。因此，亞洲地區石油現貨和期貨交易在全球市場的影響力有限。[1]

8.1.3 中國外匯支出成本增大

伴隨著中國工業化進程的不斷推進，石油及相關產品的進口量不斷增長。但中國石油貿易結構依然存在貿易方式與進口來源比較單一的問題，石油貿易受價格波動影響較大。從世界

---

[1] 佚名. 中國資源性商品國際市場競爭策略研究——以石油市場為例[D]. 杭州：浙江大學，2007.

各國應付油價波動的慣常做法來看：當國際油價暴漲時，應適當減少對進口石油的依賴，而是動用儲備來穩定油價；當國際油價暴跌時，應大量進口原油，並增加石油儲備，通過市場調節吞吐油品調節市場供求，避免價格大幅度波動對經濟的不利影響。從圖 8-2 中可以看出，OECD 石油消費量對油價較為敏感，石油價格高企時石油消費低迷。其實，2004 年國際油價飆升對西方發達國家影響有限，因為這些發達國家大多完成了工業化進程。而對中國而言，石油涉及行業廣泛，工業建設、交通、物流設施等方面都是國民經濟發展之重。在這一階段，中國各大行業對石油剛性需求較大，石油進口只能被動承受高油價（見圖 8-3）。

從統計數字上看，從 1993 年中國成為石油淨進口國以後，只有 1998 年、2001 年兩年石油進口量與同期相比是負增長，而這兩年卻恰好是國際石油價格較低的時候。1998 年歐洲布倫特石油價格跌破 10 美元/桶，創下 9.55 美元/桶的 12 年新低，而中國這一年的石油進口量比 1997 年減少了 22.97%。1999 年 3 月石油價格開始反彈並一路攀升，2000 年 8 月油價大漲，在 30

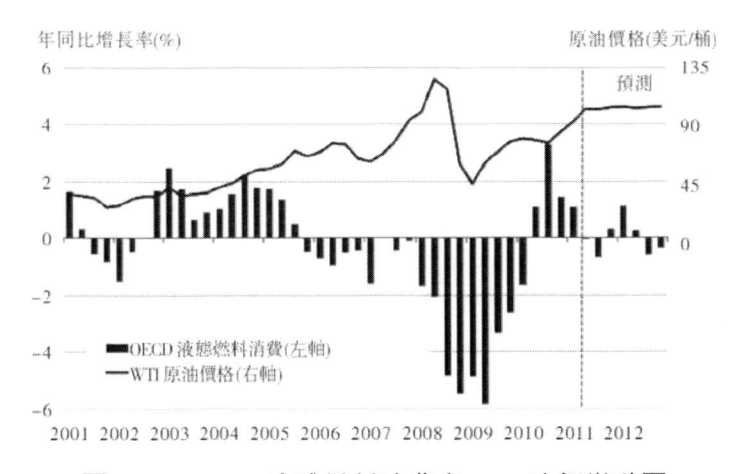

圖 8-2 OECD 液體燃料消費與 WTI 油價變動圖

註：原油價格以 2009 年美元計價。

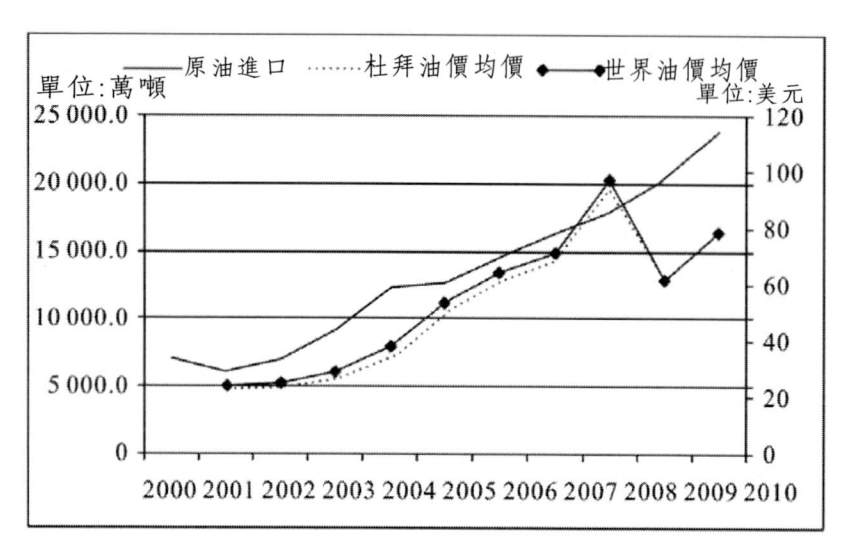

图 8-3　2000—2010 年中国原油进口与油价变动图

资料来源：IMF、中国能源统计年鉴。

注：中国对中东原油进口依赖度最高，多以迪拜油价计价；此处世界油价、迪拜油价均为现货价格，世界油价以迪拜、布伦特、WTI 三者油价加权计算。

美元之上运行，但该年中国石油进口数量同比增长达到 220.19%。2000 年年末石油价格下滑到 17 美元，但此时中国减少了原油进口，2001 年原油进口同比下降约 14.19%。随后 2003 年，国际油价高涨，而中国原油进口比 2002 年同期增长 31.29%。由此可见，中国石油进口依存度常常与石油价格呈反方向变动趋势，导致石油价格金融化下中国进口外汇成本增加。这种价涨量升对国际市场依赖程度不断加深的一次次再现，对中国石油贸易进口体系的应变能力提出了严峻的考验。

8.2 石油金融化對國際金融的影響

8.2.1 微觀負面效應

8.2.2.1 跨市場風險傳遞

石油成為準金融商品后，金融市場與石油市場的互動性大大增強。不論以商品形式還是以資本形式介入金融市場，石油都已成為金融市場的重要組成部分，並且成為金融風險的傳遞者和承載者，加大了自身風險以及整個金融市場的波動風險。次貸危機期間，原油市場的表現已經與股市、大宗商品市場、匯率市場、利率市場、債券市場等融為一體，任何金融市場的風吹草動都可能引發資金在市場間的迅速反應，從而加大整個金融體系的風險。從石油金融市場的表現來看，影響油價的因素非常複雜，氣候、庫存、供求、政治等因素都會造成期貨價格波動。油價在交易者的「感知能力」差異的影響下，波動的範圍明顯增大（見圖8-4）。實證檢驗還發現，石油價格波動具有群聚性，大的波動發生在某些時段，小的波動發生在另一些時段上。大量金融資本與石油資本集聚於石油衍生品市場，模糊了商業性持倉與非商業性持倉，以及金融資本與產業資本的界限，加大了期貨市場的監管難度，進一步造成了金融市場的信息不對稱及系統性風險。

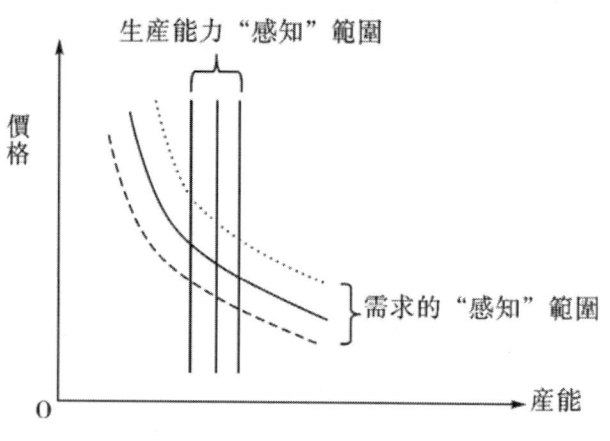

圖 8-4　市場「感知」和預期對油價影響示意圖

　　石油定價金融化使得石油價格風險在現貨市場與石油衍生品市場中進行跨市場雙向傳導。石油商品的價格風險可以通過期貨、期權交易等方式向能源金融衍生品市場傳播，而石油金融衍生品市場的價格風險則是通過其價格發現功能向現貨市場進行傳播。由於商品市場和金融市場的運作之間存在時間和空間上的不一致，價格風險在這個鏈條上的傳導會面臨更大的不確定性。風險是被消化還是被放大，就取決於這兩個市場之間的交易制度、信息傳播和交易者的心理。長期資本管理公司、德國金屬公司、安然、巴林銀行以及中航油在能源衍生品市場上重大的失敗引發了人們對衍生品交易的關注和反思。

　　石油定價金融化為金融投機者提供了擾亂市場真實信息從中牟利的機會，也加大了石油市場風險向宏觀經濟傳導，並演化為危機的可能性。投機者通過擾亂油價促使油價上漲，當油價上升到一定程度，將對美國宏觀經濟造成通脹，從而引發美國加息，發展中國家資金外流，給投機者提供了貨幣攻擊機會，進而導致貨幣危機（見圖 8-5）。

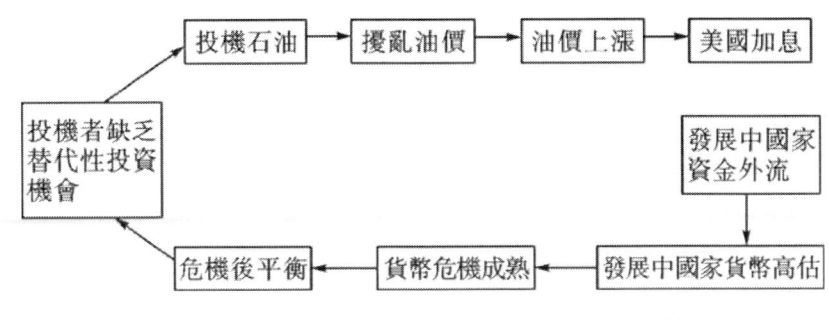

图 8-5　原油投機者對實體經濟影響的風險傳遞

8.2.2.2　國際借貸風險傳遞：以俄羅斯為例

在石油金融化程度越來越高的背景下，油價的大漲容易使產油國累積豐富的盈余，但同時也容易引發借貸盲目擴張，增加財務風險。2001—2006年，俄羅斯、利比亞、尼日利亞受益於油價大漲，收入大幅增長，儲蓄流動占總資本流出的比例超過50%（見表8-2）。巨大的資金流動蘊藏著未來形勢突變下的金融性風險。以俄羅斯為例，經歷了蘇聯解體和葉利欽時代後，經濟陷入低迷，普京上任後制訂了一系列切實有效的經濟重振計劃，利用能源高價以及國際資本低廉的有利時機推進俄羅斯經濟的發展。計劃實施之初，世界能源、鐵礦砂、石油、農產品的價格不斷上漲，俄羅斯依靠出口其豐富的石油天然氣資源及其化工產品和鋼材，獲得了較快的發展。2008年年底，俄羅斯累積的美元外匯高達6,000億美元，高漲的油價讓俄羅斯政府、企業認為價格還會不斷上升，開始向銀行財團大量借貸。相對於俄羅斯本國很高的資金成本（利率13%左右），國際借貸資本非常低廉（2%、3%，2008年12月，美國的基準利率接近於0）。高盛，摩根士丹利，德國商業銀行、德累斯頓銀行、富通銀行等將大量的資金借給俄羅斯企業。高油價與從國際財團而來的低息貸款讓俄羅斯企業盈利能力不斷上升，2000—2008年俄羅斯國內生產總值增長了70%左右，工業增長了75%，投

資增長了125%，國內生產總值已經達到1990年的指標，俄羅斯重回世界經濟十強之列。

表8-2 2001—2006年石油出口國國際收支與儲蓄流動狀況

國別	經常帳戶	總體資金流出	儲蓄流動	儲蓄流動/總資本流出
	（十億美元）			（%）
俄羅斯	338	418	209	50
沙特阿拉伯	287	282	40	14
挪威	214	419	101	24
科威特	114	99	16	16
委內瑞拉	90	50	14	28
阿聯酋	89	186	34	18
安哥拉	82	60	4	7
利比亞	59	44	49	111
墨西哥	55	39	8	21
卡塔爾	53	56	6	11
伊朗	48	47	11	23
尼日利亞	22	41	27	66

但一旦經濟發生轉折，石油金融系統風險立即讓俄羅斯陷入嚴峻挑戰。金融危機讓擁有6,000億美元儲備的俄羅斯受到嚴重影響。首先，俄羅斯銀行部門的迅速發展得益於大量便宜的國際資本。2007—2008年俄羅斯私人部門外債增加中銀行部門占了40%，截至2008年10月1日，銀行外債餘額為1,982億美元。金融危機席捲全球，國際資本市場流動性趨緊，俄羅斯銀行立即面臨還本付息的債務難題，同時俄羅斯用以抵押的資產又因為國際市場行情暴跌而大幅度貶值。國際能源和原材料

價格大幅下跌使得以這些行業為支撐的俄羅斯股市塌方，俄羅斯投資到股市的資產大幅度縮水。當原油價格從147美元/桶下跌到37美元/桶的時候，俄羅斯許多大企業都面臨巨額債務帶來的金融風險。俄羅斯央行的數據顯示，俄羅斯排名前100名的公司已經欠下1,100億美元的外債。2008—2011年，這些公司深陷債務泥潭，隨后又陷入1998年以來俄羅斯最嚴重的商品價格下滑危機。俄羅斯10年的經濟繁榮幾乎完全建立在高企的能源價格基礎之上，石油和天然氣出口占到俄羅斯總出口額的一半以上，而且俄羅斯並沒有將大筆石油美元運用到經濟發展中。在全球金融風暴和國際油價下跌的雙重打擊下，俄羅斯股市急轉直下，全年跌幅超過70%。[1]

8.2.2 微觀正面效應

8.2.2.1 完善石油金融市場功能

第一，石油期貨市場對現貨市場的價格發現、引導功能逐步顯現。石油期貨市場的不斷發展使得更多的買賣主體參與其中。基金等金融機構的逐利性，加速了信息傳播的速度，為市場交易主體提供了信息共享的平臺。同時期貨市場採用電子交易和結算系統大大提高了交易的效率，使得成交規模擴大，市場流動性大大提高。在這一交易平臺上，各交易主體雙向選擇可接受的價格，避免了交易的盲目性，期貨市場成為反應供求的最佳場所。期貨市場通過價格發現功能，引導機構投資者進行基本面判斷，選擇交易策略。在做多和做空的博弈中，期貨市場「價格發現」功能得以體現，石油期貨價格走勢反應了長期石油價格的走勢，市場風險規避的功能進一步凸顯。

---

[1] 鄭壽春. 黑色變局——國際石油金融的交鋒 [M]. 北京：石油工業出版社，2011，6.

雖然投機常常被認為是市場動盪的罪魁禍首,但是在商品期貨市場中,投機交易承擔著重要的經濟功能。第一是承擔著價格風險的轉移功能。期貨市場具有價格風險轉移的功能。套期保值者通過多頭套期保值或空頭套期保值操作來規避價格風險,即套期保值者通過期貨市場將價格風險轉移給其他市場投資者,那麼相應地,期貨市場需要足夠的風險承擔者與追隨者。投機者在利益的驅使下,根據對未來市場走勢的預期判斷,在市場上進行買賣期貨合約交易。第二是維持市場的連續性。期貨市場合約交易在時間上是不對稱的,即存在因買賣雙方進入市場的時間差異而形成市場真空。投機交易恰恰填補了這段市場真空,維持了期貨交易的連續性。投機者在期貨市場上不斷進行期貨合約買賣,頻頻建立倉位,對沖手中的合約,增加期貨市場交易量,提高市場的流動性。第三是穩定價格。投機者目的是獲取利潤,當市場供求平衡被打破的時候,投機者會進入市場進行投機交易,而這種投機交易恰恰使得市場供求趨於平衡,起到穩定價格的作用。如當市場供給大於需求,期貨價格下跌,投機者進行多頭交易,以期獲得價格上漲利潤,同時這個多頭期貨交易也增加了市場需求,從而填補了市場上供求缺口,減小了價格波動幅度。雖然投機交易對金融市場發揮著很多積極作用,但過度的投機會導致價格操縱、價格背離等市場扭曲現象,給投資者和金融市場帶來損失。

　　第二,為石油市場搭建交易規則透明、相對公平的交易場所。經過多年運行,作為石油主要定價中心的紐約商品交易所、倫敦國際石油交易所等市場所制定的期貨合約細則、交割程序、結算方式等交易規則,對任何交易者都是透明、公平的。此外,作為國際主要石油定價中心的石油衍生品市場所在國家或地區的法律法規體系、執法環境都相對完善,有利於市場參與者對交易形成穩定、合理的預期,進而促進了市場的不斷發展和繁

榮。美國紐約商品期貨委員會每週二定期發布不同交易品種、不同交易類別的持倉報告，可以為投資者提供投資分析的歷史依據。在上述條件下形成的市場價格，綜合反應了市場各方對市場的觀點，合理反應了市場各種情況的變化，因此成為普氏報價等各個著名報價系統的重要參考價格，也成為市場參與者廣泛接受的基礎價格。當然，這種相對公平並不能杜絕石油的投機行為，但為公眾提供了各種方式去透視、研究石油交易中的各種反常現象，使公眾獲得更多的市場信息。

第三，為市場提供套期保值與風險規避平臺。套期保值是現貨交易上利用現貨、期貨價格基差，在現貨市場與期貨市場進行同等數量、方向相反的買賣操作，現貨或期貨市場的盈虧由另一個市場的盈虧來彌補或抵消，從而建立起現貨與期貨間的對沖機制，使價格風險降低到最低限度。目前，當石油價格上漲時，石油加工、煉化等石油下游行業面臨成本上升的財務風險，可以通過買入套期保值來鎖定原料成本。相反，當石油價格下跌的時候，石油開採企業將會收到較大的衝擊，石油開採業的利潤將急遽下降。因此石油開採企業和煉油企業可以利用賣出套期保值鎖定產品正常的商業利潤。在2003年油價波動中，中國南方航空公司損失近6億元人民幣，而臺灣的航空公司以及中國香港的國泰航空則因為成功地對自己所用的航空煤油在石油期貨市場上進行了保值，使得當油價上漲到每桶近40美元時，國泰航空的油價成本每桶却不到20美元。由於期貨市場是一個信譽度很高的市場，交易所可以為交易雙方提供可靠的履約擔保，企業參與期貨市場可以杜絕企業之間的債務鏈的問題，也有利於建立穩定的經濟秩序。[1]

---

[1] 周玉晶. 石油金融化的效應及策略分析 [D]. 大慶：大慶石油學院，2009.

8.2.2.2 促進金融市場創新

石油金融市場的快速發展一方面得益於石油市場的蓬勃發展，另一方面金融市場的不斷創新為投資者提供了更靈活、更便捷的交易品種也起到了重要作用。從紐約商品交易所於1978年推出了世界上第一個成功的能源期貨合約——紐約取暖油期貨合約起，國際石油交易所、新加坡國際貨幣交易所也陸續開發了不同的石油期貨合約。一方面石油期貨合約成為石油企業規避風險的重要工具，另一方面由於其在產品品質、到期期限、交割地點、交割方式等方面的標準化規定，讓不同使用者因其與實物交易的不匹配而可能產生新的風險，因而產生了更個性化的產品需求。1986年，首次歷史性石油價格互換交易由曼哈頓銀行促成，交易雙方分別是香港太平洋航空公司和美國科氏工業集團。這是一個以現金結算的背對背的互換交易，象徵著「套期保值概念」首次由利率和貨幣互換市場移植到能源市場。此后場外交易市場（OTC）蓬勃發展，新的衍生工具不斷被創造推出，差異互換、邊際互換、參與互換、雙重互換、可展期互換、封頂期權、封底期權、雙向期權以及各種奇異期權（包括障礙期權、路徑依賴期權、混合商品期權、回顧期權）等個性化、「定制型」工具為使用者提供了多樣化的選擇。

8.2.3 宏觀層面：石油美元環流的金融效應

8.2.3.1 石油美元的規模

「石油美元」，顧名思義，就是產油國出售石油得到的美元，有廣義和狹義之分。廣義的「石油美元」是指產油國出口石油所得的全部收入。狹義的「石油美元」則是指歐佩克等產油國的國際收支經常項目下的盈餘資金。也就是說，「石油美元」是指歐佩克國家石油出口的美元收入扣除進口必要的商品和服務後所餘下的外匯。由於這些石油貿易主要是以美元結算的，其

結余的外匯收入表現為美元，故名「石油美元」。① 本著作所指的石油美元為廣義的石油美元，即產油國出口石油所得的全部美元收入。由於石油出口是產油國財政收入的重要組成部分，原油價格的走勢與其經常項目余額保持密切相關性。20 世紀 70 年代的兩次石油危機，導致油價暴漲，由此石油出口國累積了大量的石油美元收入。僅 1972 年至 1974 年間，石油美元收入從 240 億美元飆升至 1,170 億美元。2003 年以后，國際原油價格開始一路飆升，得益於近年來高漲的油價，不僅中東地區石油出口收入大大增長，也使得非 OPEC 國家如俄羅斯在此輪油價大漲中獲得巨額盈利，增強了自身實力（見圖 8-6）。

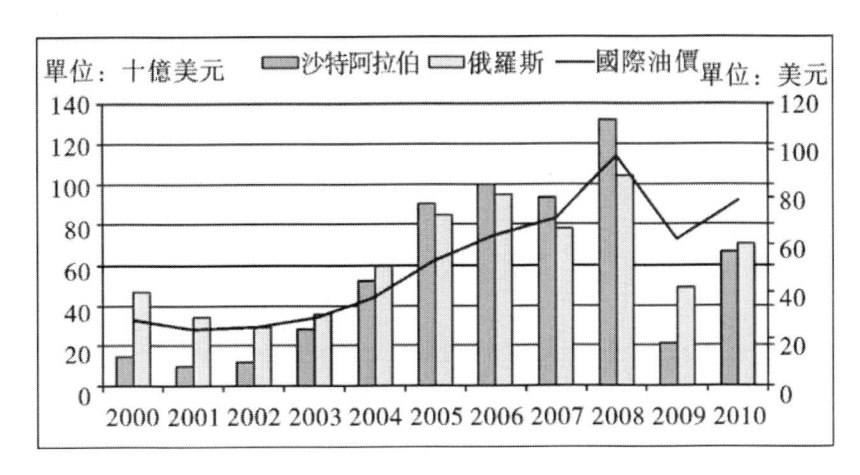

圖 8-6　2000—2010 年沙特阿拉伯與俄羅斯經常項目余額與油價變動走勢圖

資料來源：IMF 英國石油公司能源統計年鑒。

從表 8-3 看出，2003 年以后，中東國家石油美元收入大幅度增長，2010 年石油收入比 1998 年增長了 5 倍，達到 5,380 億美元，1998—2010 年總收入達到 4.06 萬億美元。比較 2003 年

---

① 舒先林. 美國中東石油戰略的經濟機制及啟示 [J]. 世界經濟與政治論壇，2005，1.

與2010年兩組數據可看出，在此兩年中東地區出口石油的數量大致相當，但是由於油價從26.78美元/桶飆升到78.06美元/桶，產油國收入從1,851億美元暴漲到5,380億美元，石油消費國外匯支出成本大幅度增長。「據保守估計，假若國際油價達到每桶100美元，海灣地區的成員國於2007—2020年出售石油的收益將達到9萬億美元。」① 由於沙特阿拉伯所占石油儲量與石油產量居主導地位，其石油美元收益將占所有中東國家收入的一半以上。由於產油國除了中東國家，還包括俄羅斯、委內瑞拉等新興國家，因此石油美元的額度大大超過以上的估算。據《經濟與金融前沿》雜誌估算，2002—2006年，石油美元收入從3,000億美元上漲到9,700億美元。② 如果按中東石油出口占全球出口的50%計算，1998—2010年石油美元的總規模已經達到8萬億美元。

表8-3　1998—2010年中東國家石油美元出口收入測算

時間	中東出口量（千桶/日）	迪拜原油現貨價（美元/桶）	每天石油收入（美元）	石油美元年收入（美元）
1998年	18,702	12.21	228,351,420	83,348,268,300
1999年	18,341	17.25	316,382,250	115,479,521,250
2000年	18,944	26.20	496,332,800	181,161,472,000
2001年	19,098	22.81	435,625,380	159,003,263,700
2002年	18,062	23.74	428,791,880	156,509,036,200
2003年	18,943	26.78	507,293,540	185,162,142,100

---

① 蔡永雄. 2020年9萬億美元：求解石油美元方略 [N]. 第一財經日報，2008-07-07.

② MATTBEW HIGGINS, TBOMAS KLITGAARD, ROBERT LERMAN. Recycling petrodollar [J]. Current Issues in Economics and Finance December, 2006, 12 (9).

表8-3(續)

時間	中東出口量 (千桶/日)	迪拜原油現貨價 (美元/桶)	每天石油收入 (美元)	石油美元年收入 (美元)
2004年	19,630	33.64	660,353,200	241,028,918,000
2005年	19,821	49.35	978,166,350	357,030,717,750
2006年	20,204	61.50	1,242,546,000	453,529,290,000
2007年	19,680	68.19	1,341,979,200	489,822,408,000
2008年	20,128	94.34	1,898,875,520	693,089,564,800
2009年	18,409	61.39	1,130,128,510	412,496,906,150
2010年	18,883	78.06	1,474,006,980	538,012,547,700
合計				4,065,674,055,950

資料來源：根據IMF，英國石油公司2011年統計報告整理。

8.2.3.2 石油美元的去向

通過出口石油而累積的大量石油美元必然要尋求資金的出口。產油國獲得石油美元收入后，將其一部分用作開發基金，投資於本國其他產業，一部分由國家持有作為外匯儲備，一部分投向歐洲和美國以及亞洲市場。歸納起來，石油美元主要有以下幾個去向：

第一，石油輸出國利用石油美元推行擴張性財政政策。為了刺激本國的經濟建設，增加進口，發展社會福利，減稅以及開發新興產業等，近些年，歐佩克石油輸出國用大量石油出口收入投資於本國其他新興產業。如今，歐佩克國家通過石油美元購買新飛機，建造世界一流的國際機場，打造旅遊業等方式，調整其單一的產業結構。非歐佩克產油國將大量石油美元投入國內市場保證穩定和低廉的汽油價格，讓利給消費者，支持教育產業等。

第二，石油輸出國將石油美元作為外匯儲備。次貸危機后，油價出現自由落體式的暴跌，2009年以后再度快速上漲，油價

上漲使中東及北美地區獲得大量石油收入，國際基金組織的官方儲備也大幅度上漲（見表8-4）。俄羅斯政府專門設立了石油穩定基金，在為石油企業保留一定利潤的基礎上通過不斷調整石油出口關稅的移動槓桿將超額出口利潤收入石油穩定基金。在俄羅斯經濟界專家看來，抵禦風險的最好辦法就是把部分石油收入儲藏起來。

第三，石油美元對外直接投資。石油美元收入被石油出口國直接用於購置海外資產，包括能源資產、不動產，投資新興產業等。他們通過投資於私募基金，獲得歐美公司的運作管理經驗，或借助歐美地區的成功品牌打入國際市場。如迪拜交易所欲通過收購納斯達克交易所來獲得有關營運的技術，獲得納斯達克品牌的國際影響力；阿布扎比投資基金穆巴達拉以5%的股份入股法拉利車廠，並借助建立以法拉利跑車為主題的公園來增加本國的旅遊競爭力。向海外尤其是西方發達國家學習經營管理，發展本國經濟，成為石油美元重要的投資去向。

表8-4　2008—2011年國際貨幣基金組織的官方儲備

時間	中東及北美地區（百萬特別提款權）
2008年	2,031.7
2009年	2,563.7
2010年	2,663.5
2011年	5,078.6

第四，石油美元以基金形式投資境外金融資產。從產油國的實際情況來看，中東地區將巨額石油收入用於本國經濟建設的比例很小。大部分石油美元以各種基金形式投資於海外資產。第一種是由央行進行管控的石油美元，投資的主要目的是追求穩定性而不是最大收益回報。並且，央行對石油美元的管理在

於穩定國內形勢，免受國際收支平衡波動衝擊。第二種是將石油盈余以主權財富基金形式投資於全球金融資產。這一類基金擁有包括股票、房產、銀行存款、固定收益工具等多樣性投資組合。第三種是投資對象更明確的公司投資基金。不同於主權財富基金的多樣化組合投資，越來越多的產油國以公司投資基金直接投資國內和海外企業，經營方式類似於私募股權公司，獨自或者與財團共同購買和管理企業。

從數量上看，產油國資產組合投資資本流出與發達國家資產組合投資資本流入有很大關聯，大部分石油美元湧入了以美國為核心的發達國家金融市場，通過購買債券、金融產品等進一步擴容了美國金融市場的規模和深度，使美國虛擬經濟比例不斷擴大。[1] 金融市場的開放與放松管制使得產油國在現貨交易中賺取的大量石油美元通過仲介銀行的轉貸、投機機構的運作流向了石油期貨市場，可能推高油價。有趣的是，如果國際市場上金融抑制更多，產油國投資回報率下降，將更傾向於減產，以另外一種傳導方式提升油價水平。

8.2.3.3 石油美元的回流

石油進口國通過各種渠道及方式從產油國將資金吸收回來，便稱為石油美元的回流。由於石油貿易量的日益擴大和原油價格的上升，巨額石油美元成為影響石油輸出國、輸入國，甚至世界經濟的一股重要力量。由於產油國非石油商品出口數額在新千年以後也大幅度提升，很難將石油美元與其他商品美元配置方式相區別，因此對石油美元的流動特徵只能通過既有的公開信息加以推論。西方發達國家是石油進口大國，石油價格的上漲導致進口石油對外支出成本不斷上升，國際收支條件惡化。

---

[1] MATTBEW HIGGINS, TBOMAS KLITGAARD, ROBERT LERMAN. Recycling petrodollar [J]. Current Issues in Economics and Finance December, 2006, 12 (9).

如果為了改善國際收支而對石油進口進行限制或採取緊縮性措施，可能會引發本國經濟衰退，並不利於世界貿易的發展。因此，工業化國家更傾向於通過石油美元的回流，即石油美元從石油輸出國回到石油進口國，來改善國際收支。對石油輸出國家來說，石油美元回流到石油進口國也有一定的益處。其一，石油美元規模龐大，國內市場狹小，可以吸收的數額非常有限，以資本輸出方式投資海外可以對資產進行保值升值。其二，由於歐佩克國家綜合國力都較差，政治上常常受到西方國家的牽制，因此一方面是為了這些石油美元保值，一方面也是迫於美國壓力而採取的支持石油美元回流的措施。

1. 石油美元的直接回流

石油美元的直接回流是指石油出口國通過與石油進口國的商品服務貿易、金融資產購買等方式，使石油美元再次回流入石油進口國的狀態。由於原油價格的上漲，2002—2006年，產油國[1]國內儲蓄占GDP的比重從28%上升到39%，而國內投資支出的比重幾乎沒有變化，實際儲蓄率升高[2]。中國和日本有大量的貿易盈余，歐盟基本收支平衡，只有美國需要借債購買石油。中國和歐盟是中東地區重要的經貿夥伴，是中東地區主要的商品進口國和地區，通過商品勞務的交流，部分石油美元再次回流到中國和歐盟地區。

2. 石油美元的間接回流

石油美元的間接回流是指石油美元通過國際金融體系，再

---

[1] 此處統計的產油國包括安哥拉、阿爾及利亞、阿塞拜疆、巴林、剛果、厄瓜多爾、幾內亞、加蓬、伊朗、伊拉克、科威特、利比亞、尼日利亞、挪威、阿曼、卡塔爾、俄羅斯、沙特阿拉伯、蘇丹、敘利亞、土庫曼斯坦、阿聯酋、委內瑞拉、也門。

[2] MATTBEW HIGGINS, TBOMAS KLITGAARD, ROBERT LERMAN. Recycling petrodollar [J]. Current Issues in Economics and Finance December, 2006, 12 (9).

次回到石油進口國的狀態，其中美國是石油美元間接回流的最大受益者。產油國通過出口石油累積了大量石油美元，部分石油美元通過金融市場向美國回流，一定程度上緩解了美國嚴重的國際收支失衡壓力。從這個層面上講，石油美元回流成為美元維持現行國際貨幣體系霸權的重要基礎，因為美國貿易失衡會通過資本項目順差得以緩解，而使得美國的貿易失衡成為可持續的發展常態。

從圖8-7中看出，石油美元通過國際銀行系統的間接環流取決於兩種投資決策所引發的金融流動。第一，石油出口國如何選擇投資工具處理石油盈餘的決策，如是將存款投入國際金融機構進行轉貸，還是投入國內市場。第二，銀行如何投資使用這些石油存款。如是投入金融市場，獲得金融產品組合投資收益，還是流入新興市場，獲得資本增值收益。

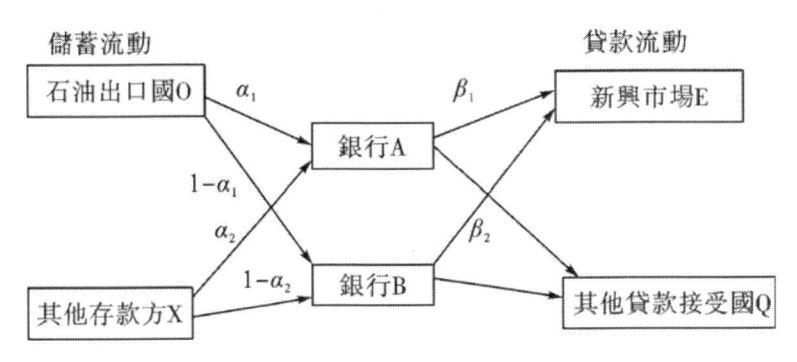

圖8-7 石油美元在國際銀行系統的流動

流入新興市場的資金可推算為：

$$E_t = \beta_1 B_{1,t} + \beta_2 B_{2,t}$$
$$= [\alpha_1 \beta_1 + (1-\alpha_1)\beta_2]O_t + [\alpha_2 \beta_1 + (1-\alpha_2)\beta_2]X_t$$

式中：E_t 為 t 時刻流入新興市場的資金，O_t 與 X_t 分別為 t 時刻石油出口國與其他存款方的資金額，β_1 為國際投資活躍銀行 A 投資新興市場的金額占比，β_2 為借貸機構 B 投資新興市場的金融占比，α_1、α_2 為石油出口國及其他存款方儲蓄存入銀行 A 的資

金占比。

8.2.3.4 石油美元與金融危機

1. 國際收支的結構性變動

20世紀70年代的兩次石油危機導致油價暴漲,使得石油出口國累積了龐大的貿易盈余,世界儲備結構也發生了很大變化。石油危機之前,國際收支的格局為「發達國家為順差,發展中國家為逆差」,石油危機后,這種國際收支格局發生了巨大的轉變。石油危機中原油價格暴漲,石油出口國獲得了大量的國際收支盈余,東亞新興市場隨著經濟的快速發展,也累積了巨額東亞美元,石油美元與東亞美元成為國際收支盈余的主要力量。

與東亞美元相比,石油美元在國際收支盈余上的比重不斷上升,並且成為支撐美國國際收支平衡的第一要素。2002—2005年,石油出口國經常項目盈余從938億美元增至3,985億美元,與美國經常項目赤字之比從不足20%增至接近50%。2006年和2007年石油出口國經常項目盈余增長到4,794億美元和4,845億美元,對美國經常項目逆差之比擴大到55%左右。[①] 由於石油市場上油價的突出表現,石油美元已經超越東亞美元成為全球經濟失衡中經常項目盈余的最大來源地。

2. 石油美元泡沫與金融動盪的關聯

巨額的石油美元環流,為世界經濟提供了相對穩定的發展環境。第一,大量石油美元流入國際資本市場,滿足了各國對不同期限結構的資金需求,壯大了國際信貸規模,提供了低利率的融資成本,緩解了高油價下通脹對各國經濟的負面影響。第二,石油美元通過直接與間接的回流機制輸入美國資本市場,通過製造美國資本項目順差的方式對沖美國經常項目的長期赤字,並且通過購買美國國債、金融證券等方式,支持並穩定了

---

① 數據來源於國際清算銀行、IMF網站統計資料。

美國經濟的發展，在一定程度上也起到了穩定世界經濟的作用。

但是，石油美元環流對世界經濟的潛在負面效應也不容忽視。通過分析近年來國際市場上主要經濟體的收支狀況發現，美國對外收支狀況日益惡化，歐洲的對外收支仍保持穩健，而亞洲的國際收支盈余地位實際上更加牢固。石油美元的膨脹並不是因為產油國較之 30 年前對世界經濟輸出了數量更加巨大的石油，而是直接表現為國際金融市場中萬億美元的流動性注入、國際油價的高漲。因此石油美元對全球產出分配造成了巨大影響（從 2003 年油價開始上漲以來，全球消費者 2010 年購買石油產品的支出總計比 2003 年高出 1.2 萬億美元），但同時並沒有改善全球福利狀況。石油出口國如何處理它們獲得的巨額財富將對世界經濟造成深遠影響。如果石油出口國將其財富大部分用於投資新的石油開採設施，或用於進口消費，則將為美國等石油進口國出口商品提供資金。如果石油出口國決定將大部分財富儲蓄起來，用於向美國財政債券投資以增加外匯儲備，意味著石油美元收入中用於投資和消費的資金就會減少，這可能對全球的需求和就業造成巨大打擊。

雖然目前的金融體系較前幾次油價上漲時更加完善，石油出口國在管理它們的帳戶時也顯得更加謹慎，但隨著這些新的石油美元進入全球金融系統，仍可能有一些問題出現，如引發全球儲蓄泡沫。石油美元的膨脹以及國際遊資在金融市場上的廣泛流動性，使得股票、黃金、房產、外匯等市場波動更加劇烈。巨額石油美元通過國際借貸體系回流入美國，或以國家主權基金的形式投資大宗商品市場尤其是石油期貨市場，參與石油金融化過程，從石油期貨價格波動中受益。以石油輸出國為代表的產油國從單純的生產商已經走向期貨與現貨兩個市場控制的多重參與者（見圖 8-8）。正如英國《金融時報》指出，石油美元的透明度是值得考慮的問題，但還不是至關重要的。在

人口快速增長的情況下，如果這些資金被用於推動經濟的發展，那麼它們是全球經濟中的一支積極力量。如果不是，它們可能成為導致不穩定的催化劑，並最終破壞性地脫離美元。

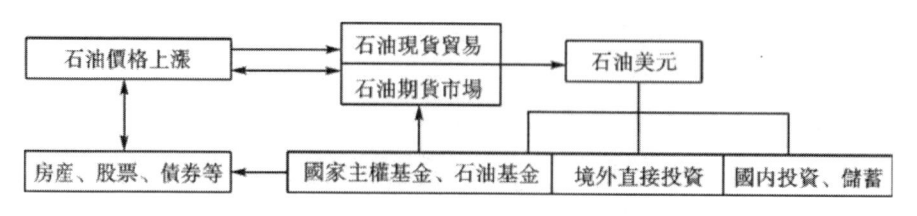

圖 8-8　石油價格上漲與石油美元之間的關係

3. 石油美元環流與金融危機爆發

石油美元已經成為國際金融市場上一支不可忽視的影響因素。回顧歷史，我們可以總結出 1973—1980 年拉美債務危機與 2001—2008 年國際金融危機許多驚人的相似之處。1973 年的債務危機在很大程度上是以下三個因素造成的：第一，持續的全球經濟增長加大了對石油和其他商品的需求；第二，美國的赤字開支迫使美國放棄了 1971 年布雷頓森林協定的金本位制，進入了通貨膨脹的新時代；第三，阿以戰爭成為歐佩克限制石油的催化劑，使石油價格上漲了 10 倍。反過來，過高的石油價格（1973 年石油價格是 80 美元/桶）導致了石油美元加速環流，從而引起了國際債務危機。2001—2008 年，以上三股力量再度聚集，導致了新一輪更為可怕的危機：首先，始於 20 世紀 80 年代的全球經濟增長一直持續到 2000 年，持續的經濟增長加大了石油需求；其次，美國債務無節制地持續攀升，造成美元壓力，損害了其在全球金融體系中的主導地位和錨定效應；最後，恐怖襲擊以及 2001 年和 2003 年美國先後軍事入侵阿富汗和伊拉克，促使油價上漲 5 倍。現在的情況與之前的情況非常相似，油價的上漲促使了石油美元的新一輪環流。2003—2008 年，正是石油美元不斷膨脹的階段，也是美國享受低利率房貸，創造

次級債產品及發行規模不斷擴大的階段。石油美元的大量流入，美聯儲連續的降息，創造了以令人陶醉的低利率借貸的機會。低息貸款引發了住房市場繁榮，最終引發國際信貸泡沫並引發全球性的經濟衰退。

8.3 石油金融化對國際政治的影響

8.3.1 美國霸權的多重影響

8.3.1.1 原油定價權的迴歸

美國在全球的影響建立在三種主要的利益機制上：第一是建立以美元為中心的貨幣體系，第二是全球開放的市場，第三是保持國際石油價格的穩定和對石油市場的影響力。從石油市場發展史來看，19世紀末到20世紀70年代，西方國家瓜分了石油市場，通過石油七姐妹實現了對石油市場的控制權，墨西哥灣是當時的世界石油中心。但這一優勢隨著中東國家民族主義的覺醒與歐佩克組織的建立而改變。由於中東國家壟斷了石油定價權，西方國家在石油禁運、兩次石油危機中損失慘重，經濟陷入衰退。石油危機使得各國意識到石油充足在經濟發展中的重要性。美國雖然是傳統的產油大國，但隨著經濟增長，國內石油產量已經明顯不足，供給缺口越來越大，石油安全成為其重要的國家戰略目標（見圖8-9）。由於資源分佈不均，直接掌握石油供給壟斷權風險高、成本大（美國出兵伊拉克也付出了沉重的代價），而通過金融手段控制石油價格，成為以美國為首的西方發達國家最正當也最具掩蓋性的戰略選擇。從全球範圍看，倫敦國際石油交易所和美國紐約商品交易所在全球石油定價體系中占據了主導地位。雖然倫敦國際石油交易所的布

倫特油比 WTI 原油交易量更大，但紐約商品交易所的 WTI 原油價格成為全球石油現貨價格的基準，對其他基準油價格有很強的引導作用。

美國紐約商品交易所推出 WTI 並獲得巨大的成功，不僅僅是石油市場發展史上的關鍵性轉折，而且使美國在此后 20 年重新掌控了原油主導權。更為重要的是，WTI 原油期貨設立成為能源金融衍生品市場發展的先導，大大促進了各地能源金融市場的發展。在國際石油壟斷資本與國際金融資本的相互作用下，20 世紀 90 年代國際石油期貨市場的影響力顯著提高。

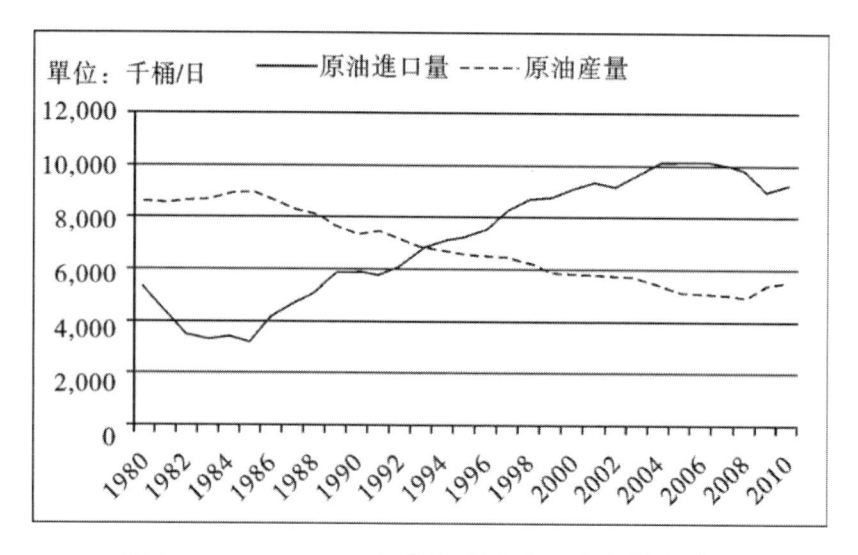

圖 8-9　1980—2010 年美國原油進口與產量走勢圖

8.3.1.2　國家壟斷資本的擴張

巨額投機、套利資本流入原油期貨市場后，石油由一種單純的套期保值工具發展成為新興的金融投資載體，石油與其他商品一樣成為投資基金追逐利潤的對象，國際油價已經在一定程度上脫離了基本供需關係而獨立運行。美國作為全球金融市場的中心，擁有規模最大的金融套利集團，包括華爾街各大投資銀行、跨國石油公司、對沖基金、投資基金等。這些套利主

體通過操縱匯率、利率、股價、債券價格和衍生金融工具價格，伺機興風作浪，進行金融襲擊和金融掠奪。不可忽視的是，石油利益集團與各國行政當局有著千絲萬縷的聯繫。如美國總統奧巴馬國家安全政策顧問是布熱津斯基，同時也是英國石油公司的顧問，美國副總統切尼曾是哈里伯頓石油公司首席執行官（CEO），財政部長鮑爾森曾是高盛的 CEO，2008 年美國總統大選民主黨候選人麥凱恩的外交顧問是亨利基辛格，后者是洛克菲勒集團代言人。以這些石油利益集團作為背景，各國政府所做的關於石油的決策便不再僅僅是出於社會化動機，而是包含了其所在利益集團的商業利益，使得石油在經濟、政治中的關係更加複雜化。

除了金融機構在石油市場獲得巨額收益外，石油市場重要的參與主體——國際石油壟斷資本的實力也得到大幅度提升。第一，石油公司通過金融化擴張，對石油實物資源進行收購、買賣，獲得大量油氣資產，綜合競爭力得到大大提升；同時通過兼併收購，石油產業集中度大大提高，石油壟斷資本的實力在未來將越來越強。第二，石油金融資本在金融市場交易中獲得了巨額利潤。按照 20 世紀 90 年代的數據，最便宜的中東地區每桶的成本僅 1~3 美元，英國北海油田則為 4~21 美元。國際上大石油公司的平均成本在 12 美元上下。即使石油生產成本在過去十幾年增長了 3 倍，也僅為 48 美元，當石油價格暴漲到 147 美元/桶，石油利潤接近 100 美元/桶。石油期貨市場價格與實際成本的巨大差距，成為石油與金融集團投機獲利的重要誘因。

與大型私營石油公司相同的是，國家石油公司大部分採取的是上下游一體化的運作方式，憑藉雄厚的資本實力，擁有強大的勘探開採能力、煉油能力、資本運作能力；與跨國石油公司不同的是，國家石油公司完全或主要由本國政府所有，並不

一定遵循單純的股東收益最大化，其經營模式更多地代表著國家利益和長遠戰略。近年來國際油價的保障，提高了許多資源國國家石油公司的地位，其經營決策對國際石油市場的影響力越來越大。近年來以沙特阿美公司、伊朗國家石油公司為代表的國有石油公司在未開發能源儲備中最多的地區開展業務，向所屬國家提供了巨大的潛在能量。實際上，西方發達國家從油價上漲中獲利比 OPEC 更大。據 OPEC 研究估計，從 2002 年到 2006 年，七國集團石油稅收總額達到 23,100 億美元，而同期 OPEC 國家石油出口總收入才 20,450 億美元。如果從 OPEC 的收入中扣除石油勘探生產以及運輸中的成本，七國集團從油價上漲中獲得的相對利益更大。

8.3.1.3 強化對中東的控制

大量石油美元的產生，除了為中東產油國發展經濟創造了物質條件外，還提高了這些國家從國外購買武器裝備加大軍備競賽的慾望。美國作為全球最大的軍火生產國和輸出國，為了收回石油美元，保護國內軍火商集團的利益，往往過分渲染這個地區局勢的動盪性，甚至有意無意地製造不穩定局勢，並抓住某些產油國「安全受到威脅」的心理，趁機兜售其各式武器裝備，從而使中東產油國在軍火貿易上加大對自己的安全依賴，以達到控制石油資源的目的。

美國是當今世界上最大的軍火供應商，其出口軍火和武器裝備大部分首先銷售到海灣地區。作為當今頭號經濟軍事強國的美國與作為目前世界最大產油國和君主國的沙特阿拉伯之間的特殊雙邊關係，從某種意義上說，就是石油換軍火、能源換安全的相互依賴貿易關係，即美國得到了所需石油和對中東石油的控制權，「沙特獲得了財富，得到了安全感」。因此，一些西方人認為，美國等發達國家既給中東產油國「開發」了石油，帶來了財富和繁榮，又給它們帶來了安全感。表面上，中東產

油國與美國等西方國家是「你中有我」「我中有你」，共同的經濟利益越來越多。實際上，中東國家越來越意識到，它們在與美國等發達國家的經濟聯繫中遭受了多次盤剝：產油國出售原油，美國等西方國家憑藉先進技術將其轉化為石化產品，又以貿易方式高價回賣給產油國；而中東產油國又要用被盤剝過兩次所剩的石油美元再去購買西方軍火等壟斷商品，再次付出高昂的代價。[①]

8.3.2 石油地緣格局複雜化

8.3.2.1 歐佩克對國際石油市場影響力下降

OPEC 建立的初衷是反西方大國對本國資源的盤剝，爭取對本國資源的獨立自主管理權。OPEC 成立后，這一石油經貿組織成為影響世界石油關係的重要力量，對石油市場穩定起到了重要作用。歐佩克運行中兼顧石油生產國與消費國雙方的利益，通過自願增減產量對市場供應量進行調節，向消費者提供價格合理並且穩定的石油供應。歷史上歐佩克多次對暴漲的油價起到關鍵性平抑作用。1990 年海灣危機期間，伊拉克遭受經濟制裁，石油市場出現了 300 萬桶/日的缺口，歐佩克大幅度增加了石油產量，縮小了油價波動幅度。1997 年亞洲金融危機期間，歐佩克於 1998—1999 年三次累計減產 470 萬桶/日，抑制住了油價下跌趨勢。2001 年油價大幅下跌，歐佩克連續四次累計宣布減產 500 萬桶/日，使國際油價恢復到暴跌前的水平。歐佩克的市場影響力自 2003 年以后開始下滑。從圖 8-10 中可以看出，2003 年以前，歐佩克原油產量與油價呈反向變動的關係，即石油產量高的時候，油價處於低位，石油減產的時候，石油價格

---

① 舒先林. 美國中東石油戰略的經濟機制及其啟示 [J]. 世界經濟與政治論壇，2005，1.

處於高位（1973—1981 年，1987—2002 年）。但是自 2003 年以來，這種反向均衡的關係被打破。2003 年后的石油產量應對市場強勁需求而上升，但油價伴隨產量的增加不但沒有絲毫的下降，反而變本加厲地一路攀高，速度之快令人咋舌。2008 年 7 月全球金融危機以來，歐佩克連續三次宣布減產，累計減產 420 萬桶/日，依然沒有有效抑制住油價下跌，歐佩克對石油市場的影響力已經大不如前。

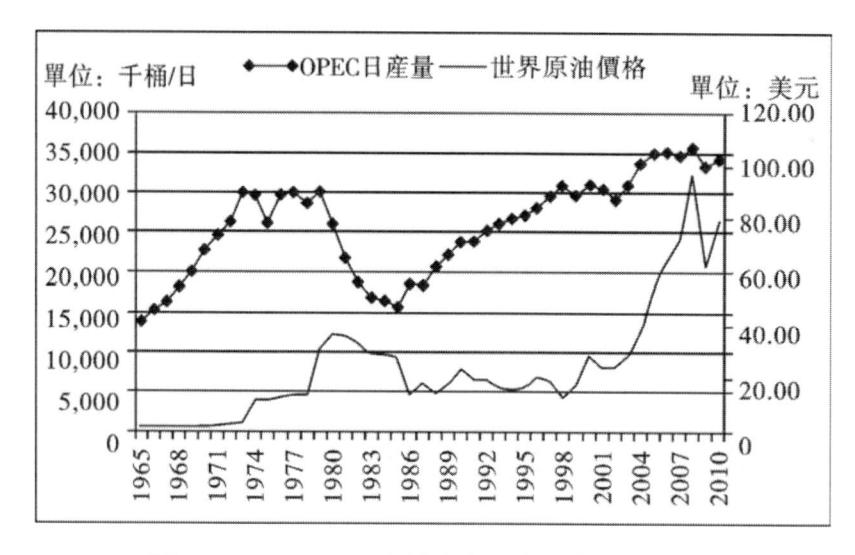

圖 8-10　OPEC 日產量與世界原油價格走勢圖

資料來源：OPEC 官方網站，英國石油公司能源統計年鑒。

8.3.2.2　石油金融化增加了新的地緣推手

石油金融化大大推動了石油資源的全球爭奪，這種爭奪從「有形」領域轉向了「無形」領域，風險大大增加。在脆弱的原油市場與金融市場面前，發達國家面臨對外依存度加大的現實困境，更加重視能源區域合作和石油換盟友等方式的石油外交。

非歐佩克產油國因產能比例的擴大而在能源格局中地位上升。隨著美國占領伊拉克、蘇聯解體、中亞國家的相繼獨立，以往歐佩克控制國際油價的局面正在被打破。在新的國際政治

經濟秩序下，軍事優勢並不是構成全球最高權威的決定性因素，甚至不一定是首要的因素。由於能源因素在政治權利中的地位逐年上升，一些國家憑藉其具有的寶貴能源儲備，可以行使與其國力不相稱的權利，如沙特阿拉伯的軍事力量可以說是微不足道的，但因為坐擁世界最大的已知石油儲量而要求對國際事務有一定的發言權。① 近年來油價高位運行，催生了新的地緣政治推手，如俄羅斯、伊朗、委內瑞拉和尼日利亞。不斷上漲的石油價格使俄羅斯在外交事務中態度更為強硬，也使伊朗、委內瑞拉等國家實力與地區影響力迅速擴大，其中部分國家與美國的政治關係正在逐步惡化——已成為影響全球經濟和原油市場的政治不穩定力量。美國在戰后樹立的石油安全體系是一種脆弱的相互依賴的關係，這種脆弱性既有內源性因素也有外源性因素，而美國及其盟國對進口石油依賴的增加和對與新崛起力量的衝突導致了美國石油權利的急遽衰落。美軍撤出中東，將戰略重心轉移到亞洲，使得中東地區發生動盪的可能性增加。

8.3.2.3　石油美元環流加劇了中東武裝衝突

20世紀70年代石油美元環流，對中東地區產油國產生了出乎意料的結果——加劇了軍備競賽。1973—1981年，主要的石油生產國伊拉克、伊朗和沙特阿拉伯軍備開支高達1,000億美元。中東地區軍備建設造成該地區經濟政治緊張和信任缺乏，引發了軍事衝突和戰爭，而巨額石油美元的流入為購買軍備物資、加大軍備競賽提供了有利條件。這種不穩定的政治軍事狀態及其引發石油市場的敏感反應，被金融套利集團所利用，導致石油價格上漲。石油—價格—衝突的石油美元環流模式形成了一個永久的循環：石油美元的環流為軍備競賽創造了經濟條

---

① 邁克爾克萊爾. 石油政治學 [M]. 孫芳, 譯. 海口：海南出版社, 2009.

件，而軍備競賽又加劇了軍事衝突，加大了地緣政治的不穩定性，導致油價上漲，而油價上漲反過來促進了數額更加巨大的石油美元環流（見圖8-11）。

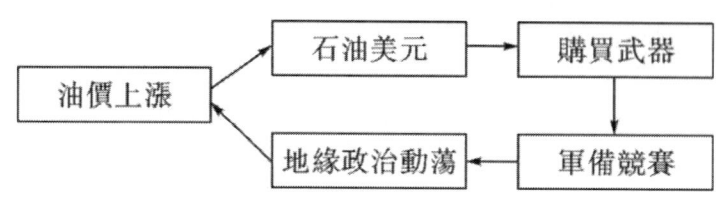

圖8-11　石油美元環流與油價上漲的關係圖

8.3.3　加大全球罷工、遊行等政治風險

　　石油金融化讓油價在高位劇烈波動成為常態，油價暴漲推高了用油行業的成本，降低了相關行業工人的收入，極易激起社會群體的不滿情緒。2008年5月，國際油價突破120美元/桶，法國漁民深受油價上漲的負面影響，舉行了三周大罷工和遊行示威。參與罷工的法國漁民在港口拉起粗大纜線，阻止同行出海捕魚，並且封鎖大西洋、地中海和英倫海峽附近的儲油庫和煉油廠。英國首都也爆發了有史以來當地規模最大的反高油價示威，多達一千部貨車參與，令市內交通陷於混亂。在2008年上半年油價連續上漲之時，西班牙、義大利、希臘和馬爾他四個地中海主要捕魚國協會也協商採取了聯合行動。西班牙漁民號召人們舉行集會，以此來抗議燃料價格迅速上漲。西班牙火車司機工會號召員工罷工，要求政府採取措施應對高油價。為了防止高油價觸發高通脹，繼而引發社會動盪，一些東南亞國家政府實行長期補貼油價的措施。在油價暴漲的時期，政府背上了沉重的財政負擔。因此，未來的石油危機已經從供應危機轉向價格危機，高油價對民眾的生活狀態與生活方式產生了極大的影響，也將對政府的應對能力提出更加嚴峻的挑戰。

9 石油金融化下中國的策略選擇

作為傳統產油大國，2011年中國在世界十大石油生產國中的排名已經超越伊朗，名列第四，原油產量為2.04億噸。但是，中國正處於工業化、城鎮化全面推進的關鍵時期，近年來對石油消費的依賴程度有增無減。從圖9-1中可看出，中國2003年后能源消費總量明顯增大，成為國際市場強勁需求方。但是面對旺盛的石油需求，以及尚無重大突破的勘探開發技術，石油產量以及供給依然處於緊張狀態，供需缺口在未來數十年還會不斷加大，中國需要通過更多的貿易、海外投資等外部渠道獲得原油供給。中國石油對外的依存度已從1995年的7.6%陡增至2011年55.2%，超過美國。21世紀，中國石油供求將是一個長期的制約經濟發展的瓶頸。中國油氣后備資源不足，難以滿足經濟快速發展引致的巨大石油剛性需求，是制約中國經濟未來發展的一個突出矛盾。石油金融化背後是以金融資源為手段的全球石油資源爭奪，是大國之間金融戰略的較量，西方發達國家在這場爭奪中已經占據先發優勢地位。在全球金融與石油市場環境變遷中，中國應積極融入這股不斷發展的石油金融化浪潮，採取多種金融渠道和手段獲取石油資源，加大對國內的供給，同時成為國際石油金融市場規則的影響者和制定者，分享石油金融化利益。

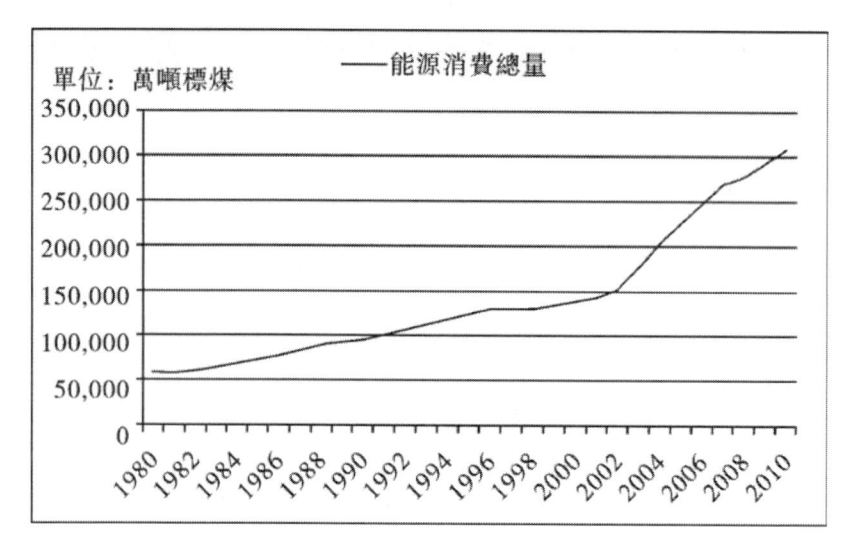

图 9-1　1980—2010 年中國能源消費總量走勢圖

註：能源消費總量包括煤炭、石油、天然氣、水電、核電等。以電熱當量計算。

資料來源：中國能源統計年鑒（2011）。

9.1　中國完善石油金融體系的策略構想

9.1.1　融入國際石油金融市場格局

石油與金融兩大戰略領域的融合使得石油金融化這一新興金融形態成為未來各國爭奪權益制高點的重要因素。歐美等發達國家擁有成熟的金融資本市場，擁有實力雄厚的跨國能源企業，擁有對石油富集地區的政治影響力，在石油金融利益分配中處於優勢地位。與歐美等發達國家相比，中國石油金融市場建設及其參與主體發展滯后，既不能參與國際石油金融的游戲規則制定，又在國際金融市場上受制於人，以致利益受損。未來是能源資源與金融資源的全球爭奪時期，以金融資源為載體，

加大對能源市場的控制力,或者以能源產業帶動金融制度創新與發展,均是一國打造石油金融核心競爭力的重要渠道。在當前石油金融化發展的國際趨勢背景下,積極融入國際石油金融市場格局,結合本國發展石油金融的優劣勢條件,探索出石油金融體系的完善對策,對於中國能源安全與金融發展具有重大的現實意義。

石油金融市場的發展、石油金融體系的完善不是兩大產業簡單的發展壯大,而是需要將兩大系統完美結合的橋樑搭建。就前文對石油金融內涵的梳理結合國際形勢來看,中國需要充分發揮金融市場的支持引導、激勵創新、調節規範功能,從石油商品與金融市場的結合、石油產業資本與資本市場的結合、國家石油戰略與金融戰略的結合等多方面進行完善,形成石油現貨與衍生品市場共同發展、石油基金及石油銀行等投資主體日益完善、石油儲備與金融資產互動一體化的石油金融體系格局。

9.1.2 防範石油金融化泡沫及其風險

雖然石油金融體系的運行擴大了石油產業資本與金融資本的容量,加強了兩者之間的互動融合,提高了資金集聚效率,但由於兩者本身市場的脆弱性和戰略性,極易引發石油與金融、實體與虛擬的跨市場風險傳遞。本次次貸金融危機爆發過程中,石油期貨市場的價格走勢經歷了「過山車」般的動盪,石油期貨價格已經呈現出脫離於供求基本面的獨立走勢,並且與其他金融市場形成互動一體化的格局,石油金融市場泡沫風險不容忽視。中國石油企業、金融機構等主體在參與國際石油金融市場的過程中,應積極防範石油金融市場風險傳遞對實體經濟的負面影響,提高石油價格波動風險的應對能力,加強對石油美元引發的資產泡沫風險的預警機制建設,化被動承擔風險為主

動防範風險,在石油企業金融資產運作、石油期貨市場監管、石油價格風險管理等方面進行更進一步的研究。

9.2　石油資源開發利用的金融支持

9.2.1　資本市場與石油產業的對接

石油工業是資本和技術密集型的產業,在石油的研發、產能建設、市場經營等過程中均需要投入巨額資金。發達國家石油產業擁有較健全的多層次資本市場,融資渠道多、規模大。中國正處於經濟快速發展階段,旺盛的石油需求對產能提出了嚴峻的考驗,而產能的提高不得不依賴於金融資本的支持。隨著石油交易市場規模的擴大,國內投資能源產業的機構也越來越多,包括中海信託、中國石油財務公司、民生金融租賃股份有限公司、中國商業銀行的投資銀行部門、中信證券、摩根士丹利等,都有能源投行業務,但是它們大多持觀望態度,投資份額不大。究其原因,中國資本市場不完善、退出機制障礙是重要因素。

中國資本市場是在高度集中的計劃經濟體制向社會主義市場經濟體制轉變中發展起來的,20年中為中國市場經濟的改革和發展起到了關鍵性作用。但由於中國資本市場起步晚,從資本市場的結構和規模來看,中國與國際發達國家還有很大的差距。美國資本市場的結構大致呈金字塔狀,頂端是以紐交所、納斯達克、場外電子櫃臺交易市場(OTCBB)為中心的高端市場,底端是以粉單市場和灰色市場為主體的中低端市場,結構相對穩定合理。而中國資本市場的結構像一個倒金字塔,主板公司規模和數量佔據絕對優勢,中小板和創業板發育不足。石

油企業的快速發展，有賴於中國資本市場的發展。完善的資本市場可為投資石油產業的風險投資主體提供更全面的風險控制平臺，也為石油產業的融資提供更多的渠道。一是要繼續促進股票市場、風險投資市場、能源基金、民間資本對石油產業的開放，引導多元化資本進入能源領域投資。二是要加強債券市場的基礎性制度建設，加快推動公司債券市場與股票市場的協調發展。三是要繼續推進能效市場的建設。經過多年的營運，發達國家在能效市場、節能服務合同方面累積了豐富的經驗，可為中國石油企業融資、提高節能效率提供參考借鑑。通過建立分層次的資本市場和金融體系，為不同成長階段的石油企業提供資金支持，從提高能效與擴大產能方面保障中國石油對經濟的供給安全。

9.2.2 金融層面的政策性保障

石油產業是高投入、高污染的行業，在低碳化發展的世界工業趨勢下，提高石油利用效率成為重要的資源節約途徑。金融政策對石油產業的調控可以通過信貸結構、市場結構的調整來體現。一是用穩定、連貫的產業政策來引導石油企業的發展，消除不確定性預期。石油工業投資週期長，現金流及回報率有其特殊的週期性，政策的連貫性是石油資金投入的重要安全保障。二是要把握金融調控與石油產業發展規律的一致性，如金融政策與石油產業的契合度、金融工具使用的靈活度、石油產業或企業生產週期與信貸結構的契合度等，使石油產業的空間分佈與業務結構更加合理。

石油安全不能局限於國內市場，國家應通過金融工具、金融手段對石油產業「走出去」提供充分的支持，從消極的防禦型體系向積極的主動出擊型體系轉變。金融危機下的經濟衰退為中國石油企業實施海外併購行為提供了寬鬆的外部限制條件，

一些對本國油氣資源開發條件苛刻的政府逐步放寬了對油氣資源的管制，如墨西哥、阿爾及利亞等國政府已經將本國石油產業逐步開放。這種外部限制條件的放松，為中國石油企業實施海外併購或參股提供了新的機遇。在鼓勵和促進石油企業「海外進軍」方面，除了在資金上予以支持之外，政府應出抬相應的海外金融政策作為保障。

具體而言，為應對國際油價行情大幅波動對石油石化產業的負面影響，如大型石油石化企業出現大型項目融資及其他資金緊缺問題時，國家能源部門應協調大型商業銀行及其他金融機構對海外項目提供貸款擔保政策支持，向國內石油石化企業提高貸款額度，解決其資金緊缺問題。隨著中國石油海外作業項目數額和規模的擴大，政府可以在境外融資、外匯擔保方面適當放寬限制，並考慮由國內一些政策性銀行，為項目的境外融資（特別是其中的出口信貸）提供擔保或轉貸。①

9.2.3 金融機構能源創新服務

中國石油工業海外擴張步伐已經加速，面臨巨大的融資需求，金融的調控、引導職能一方面可以加大對石油工業開發的支持，另一方面可以通過建立能源效率市場提高石油利用效率，保障石油的供給安全。某些專業銀行或綜合銀行積極創新業務服務，如巴克萊銀行、法國興業銀行、德意志銀行向中國石油相關企業推銷風險管理方案，給終端用戶、煉油商設計石油場外衍生品。國有商業銀行在衍生品方面經驗較少，對國際上石油金融衍生品業務瞭解、參與不多。在石油走出去步伐越來越快、風險越來越大的背景下，國內商業銀行應積極創新業務，與國際金融資本在此領域展開競爭。第一，開發品種豐富的能

---

① 劉瑩，等. 石油市場的金融支持體系研究 [J]. 資源科學，2007，1.

源金融服務。針對不同企業的資金需求和投資意願，銀行可為石油企業提供多種類型的金融服務，如財務顧問、擔保、項目融資方案設計、項目的財務顧問等。[①] 銀行可針對企業提高能源效率的需求推出更多的融資方案，如興業銀行2007年在國內首家推出的「能源效率貸款」就是一個很好的例子。能源效率市場的建設可以使得企業借助銀行系統、專業技術公司的支持，在相關項目或經營活動中擁有更多的財務空間進行工藝改造、節能環保，提高企業能源使用效率。第二，為能源企業提供衍生品業務管理方案設計服務。對於規模較大、有進一步避險需求或投機需求的客戶，銀行還可以提供以互換交易為主的貨幣衍生品和利率衍生品，並對投機客戶提供財務諮詢服務。第三，海外石油項目多位於環境惡劣、政局動盪的地區，面臨較大的風險，投資主體可根據當地面臨的主要風險和企業出資情況向國內政策性銀行從事境外投資保險業務的機構申辦保險業務。國內銀行業需根據現實狀況不斷調整保險品種和保險範圍，借鑑國際慣例制定中國境外直接投資的保險辦法。

9.3 石油金融市場主體的培育

中國金融資本尚未真正進入國際石油金融市場，少數大型石油企業可以獲得批准在國外石油期貨市場上進行套期保值，但目標太大，往往處於被動局面，不能分享石油金融化下價格波動收益。除了與國際市場「游戲規則」接軌，中國相關主體也要積極參與游戲之中，這就需要更多的成熟的綜合性能源公

[①] 何凌雲，等. 能源金融：研究進展及分析框架 [J]. 廣東金融學院學報，2009，5.

司與金融機構。隨著石油基金、對沖基金、石油銀行等金融參與主體規模的擴大，屆時國內流動性將向國際金融市場釋放，多元化投資主體將參與國際石油期貨市場的交易並從中獲益。

9.3.1 國際性石油公司的培育

長期以來，跨國石油公司通過資源開發、資產併購、金融衍生品交易等活動在國際石油市場上扮演著關鍵性角色，資產規模、盈利能力和綜合競爭力都遠遠超過發展中國家的石油公司。中國以中石油、中石化、中海油為代表的石油公司屬於國家石油公司，肩負著中國石油安全的重大使命，通過對海內外石油進行勘探開採，保障國內經濟發展對石油的旺盛需求。雖然每年都是全球500強上榜企業，但中國國家石油公司不論資產運作能力還是抗風險能力，與西方跨國石油公司還有不小的差距。目前世界石油市場優質資源已經幾乎被西方發達國家瓜分殆盡，中國石油公司「走出去」的難度和成效都面臨很大的挑戰。提高石油公司的國際競爭力，是提高中國石油「實物資源」和「虛擬資源」掌控權的重要途徑。

第一，通過橫、縱向一體化經營提高資產業務的整合能力。一體化經營是跨國石油公司經營模式的最佳選擇與必然趨勢，也是中國石油公司國際化發展的策略準則。不論是橫向一體化還是縱向一體化，跨國公司產業鏈的延伸依然遵循審慎投資的原則，以提升公司核心資產價值、降低交易成本為目標，剝離遠離核心價值的資產，突出優勢業務，進行歸核化管理。在進行縱向一體化策略時，中國石油企業應對外部環境充分分析，包括對市場進行準確的預測和判斷，對縱向一體化的對象進行全面的調查，考慮生產經營鏈條的合理銜接與優勢資產的互補性等。另外，在中游煉化板塊，中國應充分借鑑跨國石油公司的經驗，剝離生產效率低下的企業，提高集約化經營程度，對

煉化工廠進行資源整合和市場結構整合。從英國石油公司、埃克森美孚等公司併購案來看，橫向一體化戰略往往能加強由於資金、技術和市場變化等原因導致的薄弱環節，通過獲得戰略性資產，調整業務結構和組織結構，達到迅速提高國際競爭力的目標。在「后石油時代」，中國石油公司要走出國門，佈局全球油氣業務，關注資產價格走勢，積極在上游開發與中游煉化板塊中尋求併購優勢資產的機會，發揮橫向一體化的協同效應。

第二，累積參與金融衍生品交易的經驗。與國際石油公司相比，中國石油公司參與衍生品交易的歷史很短，經驗不足，在國際資本市場中容易成為「絞殺」的對象。中航油是一家國有企業，其股份公司在新加坡從事石油期權的大宗買賣，由於其大量做空看漲期權，造成嚴重虧損。中航油操作風險是導致損失發生的微觀層面的因素，但更重要的原因是中航油風險管理機制不健全。這次教訓也表明，在複雜的衍生品市場上，僅僅針對某次交易風險進行套期保值是不夠的，應該綜合分析石油市場波動中的金融風險並從戰略高度去構造系統性的風險管理規劃。

第三，成立金融投資管理部門，提高資產管理的專業水平。石油石化企業應成立專門的金融投資管理部門，將產業資本進行集中化、專業化管理，這有利於提高公司資金流轉效率和總體資本回報率。以中國海洋石油總公司為例，2007年5月20日，為防範金融風險，中國海洋石油總公司成立了金融業務決策委員會，並且正式對外宣布金融體制改革方案。金融業務決策委員會將集中負責總公司的資金調度、金融業務的管理以及投資方案。這一決議貫徹實施后收到了良好的效果，中海油2007年金融產業的利潤率高達33.98億元，對公司的總利潤貢

獻率由 2006 年的 1.3%上升到 2007 年的 6.37%。[①]另外，中石油「昆侖銀行」的建立和發展是中國石油業進軍金融業的成功典範，不僅為石油企業提供了融資便利，也為打造綜合性能源公司、實現全球化擴張奠定了良好的基礎。中國石油石化企業在「銀—企」結合的道路上已經邁出了探索性的步伐。在石油金融融合的國際發展趨勢下，中國的石油公司應積極尋求更多的產融結合的方式，並在組織結構、財務管理、人員培養等方面積極探索，不斷累積經驗。

9.3.2 石油金融組織的建立

9.3.2.1 石油銀行

　　石油銀行的建立可以為石油產業資本和金融資本提供更多的融通渠道，其專業化與針對性服務將大大提高資本利用效率。石油銀行的概念廣泛，主要可以分為石油政策性銀行、石油儲備銀行和石油商業性銀行。石油政策性銀行不以盈利為目標，由政府主導，為石油領域提供信貸金融服務，促進石油產業開發以實現全社會能源資源對經濟發展效益最大化。在國際石油資源爭奪日益激烈的新世紀，石油政策性銀行需要予以中國石油「內外」兩個市場一定的支持，實現國家宏觀政策目標。石油政策性銀行主要從事的業務包括：一是促進石油產業的發展和維護石油市場的良好秩序，通過向重點項目和石油企業提供貸款，實現石油銀行的政策性資金信貸。二是通過對原油和石油產品的買賣直接調控石油市場，實現銀行與能源機構職責的統一。石油政策性銀行對石油產業進行資金投放，可發揮其政策示範效應，引導和吸引其他金融機構對石油行業進行投資，同

---

① 張廣本，孟需，等. 中國石油金融化發展面臨的問題與對策 [J]. 石油化工技術經濟，2008，6.

時彌補商業銀行對高風險作業地區石油項目投資的不足。

石油儲備銀行是保障國家石油安全的重要機構，其基本運作模式是動用各種力量來共同推動石油戰略儲備建立。石油儲備銀行通過在全國範圍內進行石油分配，使儲備成本得到降低，使資金占用的機會成本也大大減少。國際範圍內英國、德國、韓國、匈牙利等國均採用了貼息貸款等鼓勵儲備的政策。石油儲備銀行可以通過利息減免支持儲油，並將儲油功能規範化，使之符合規定，便於車船進出管理規範化。另外，通過出具倉單，石油儲備銀行支持交易者進入市場進行實物交割或倉單交易。

石油商業性銀行是指從事石油金融服務和經營石油金融產品的專業銀行，以盈利為目的，追求信貸業務安全性、收益性和流動性目標。石油商業銀行為石油行業吸納的更多資金，也為廣大風險偏好投資者提供了更多的投資渠道。和其他商業銀行類似，石油商業銀行主要業務是將各種閒散資金集中並通過資產業務，貸款或投資到需求資金的項目和企業部門中去，賺取利差。在高油價背景下石油企業利潤大增之時，石油商業銀行還可參股石油企業獲得股票溢價。另外，國際石油市場越來越錯綜複雜，價格波動風險也越來越突出，石油商業銀行一方面需要擴展金融服務功能，如石油投資理財、代理石油風險投資、代銷石油金融產品等業務，增加金融服務報酬；另一方面，應大力發展金融創新，發展更多衍生業務以應對石油市場的變動。

9.3.2.2 石油基金

石油基金的建立和發展是石油金融戰略中的重要環節，石油基金所具備的集聚資金、連接市場、資本增值的作用在促進石油金融市場繁榮、穩定石油市場中起到了非常關鍵的作用。通過石油風險投資仲介，分散的資金得以集中起來，為產業發

展提供資金,並分享石油市場的投資收益。對於個別投資者而言,由於這些專業機構專業化程度較高,相對於個人投資者而言風險較小,收益較為穩定。

中國擁有巨額外匯儲備,建立石油基金具備良好的資金支持。根據中國具體需求,建立石油綜合性或專業性投資基金,是穩定中國石油市場、發展石油產業的重要舉措。

1. 海外投資基金

海外石油投資項目投資額巨大,風險較高,中國石油公司自有資金不足以支撐大規模的投資建設活動,需要國家予以支持。借助於海外石油勘探開發基金,中國國家石油公司可以獲得比較穩定的資金來源,有助於順利實現「走出去」的目標。目前中國石油產業投資基金已經邁出了關鍵性的一步,意欲打造中國石油業國際產業投資聯盟。2005年,中國石油產業投資基金管理有限公司在中國香港註冊成立,初步的募集資金超過140億元。該石油產業投資基金的投資方向集中在石油產業下游的倉儲碼頭領域,並且在境外,包括中東、印度尼西亞形成和建立了穩定的上游資源關係和獨特通道。今后,在國際形勢複雜化的背景下,中國石油海外作業的風險有增無減,建立海外投資基金勢在必行。在具體操作上,可以以中國石油業國際產業投資聯盟形式,建立股權合作機制,從而形成上游油田區塊勘探開發、煉油、倉儲碼頭三個基金組合,對中國石油企業贏得海外資源投資所需資本和管理提供支持。

2. 國家石油平穩基金

石油安全涉及供給安全和價格安全,國家石油平穩基金是為了緩衝國外石油市場重大波動對中國經濟的負面影響而設立的。國家石油平穩基金的設立具體而言包括以下用途:第一,在國際石油市場供給格局發生突發狀況時,對石油企業或偏遠地區進行供油補貼;第二,確保對石油資本的有效管理,通過

理性投資使其升值；第三，當過高的石油價格對國內經濟產生負面影響時，對石油生產、消費企業進行一定的補貼。

3. 中國石油投資綜合基金

中國石油投資綜合基金可在產業資本和金融資本融通中獲取增值效益。中國石油綜合投資基金既可以投資於石油石化勘探開採或者煉油項目，也可以在海外資本市場上尋求增值的途徑，如投資國際石油期貨及其他能源衍生品市場、外國股權和固定收入金融工具等。通過金融類衍生品工具與能源類衍生品交易的選擇組合，可以優化投資效率，提高收益和安全性，在一定程度上防範石油及石油製品的交易風險。

9.4 國際石油定價話語權的爭奪

中國雖然是全球第五大石油生產國、第二大石油消費國、第三大石油進口國，但在亞太石油定價體系中處於比較被動的地位，國內原油價格實質上是國際價格的「影子」。中國大慶生產的原油掛靠印度尼西亞米納斯原油定價，勝利、大港原油掛靠印度尼西亞辛塔中質原油定價，渤海原油掛靠印度尼西亞杜里原油定價。中國石油金融市場的建設大大滯后於世界發達國家，以至於只能被動地接受國際原油期貨價格，而不能參與價格制定的規則中。在原油價格劇烈波動中，中國每年石油進口成本大大增加，損害了國家利益。因此石油金融市場不僅僅是交易者規避風險的場所，也是中國爭奪石油話語權的戰場。

9.4.1 多元化競爭主體的引入

目前，國內成品油價格是以紐約、鹿特丹和新加坡三地成品油的加權平均價為基礎制定的，雖然國家發改委在國際石油

加權價格波動超過一定幅度后會加以調整，看似與國際接軌，其實這只是價格水平的接軌而不是價格形成機制的接軌。石油金融市場的發展是石油供求關係的反應，是市場化價格信息真實體現的平臺。無論是石油儲備體系建立還是資源勘探開發決策，石油利用效率的提高、石油替代技術的發展都有賴於石油價格信號的完善。

成為發達的期貨交易市場不僅需要豐富的期貨交易品種，還需要多元化的參與主體，即要具備充分的市場流動性以實現價格發現功能。而這一過程需要現貨市場與金融市場同時協調發展。現貨市場發育不足，交易主體單一，交易量薄弱不足以支撐商品期貨期權市場的發展；而現貨市場發育充分，金融市場發展滯后，同樣不能為大宗商品市場提供一個高效率的價格發現平臺。

中國石油體系面臨的首要問題之一是原油和成品油流通體制的壟斷性。目前中國現貨市場缺乏競爭，中石油、中石化兩大集團的壟斷排擠了民營企業的參與，競爭主體嚴重缺乏。即使到2007年中國原油和成品油批發市場實行對外開放政策，也難以形成國內民營企業、外資企業與兩大集團相抗衡的局面。行政壟斷色彩濃重的石油流通體制一方面使得石油勘探開採無法體現出市場激勵機制，降低成本、提高效率動力不足；另一方面使民營企業完全排除在石油開採行業之外，石油資源的有效供給明顯不足。2004年上海期貨交易所推出燃料油期貨，但由於中國石油期貨品種的單一以及對國外油商參與的限制，中國燃料油期貨市場明顯流動性不足。因此中國石油市場需要打破壟斷，引入多元化競爭格局，讓各種金融機構、貿易商參與石油交易體系。

就具體策略而言，可以考慮在石油上游領域放開部分地區招標勘探權和部分地區的開採權，贖回部分未開發地區，讓更

多的外資資本、民營資本敢於並勇於進入國內的石油勘探開發領域，提高資源的利用率。在石油下游領域，即使原油、成品油批發經營權已經放開，中國國有石油企業的壟斷地位依然沒有動搖。在這一環節可考慮通過審批制度的改進，進一步加大民間資本對加油站、石油銷售業務的投入，使原油批發市場參與主體多元化，形成充分的競爭格局。

9.4.2 石油期貨市場建設及制度完善

近年來亞太地區石油消費迅速增長，許多國家如中國、印度、日本、卡塔爾、伊朗、新加坡等都推出了自己的期貨品種。中國作為石油生產和消費大國，具備石油燃料油期貨市場建立的優勢，也有發展石油期貨市場的良好前景。

2004年燃料油期貨在中國正式營運以來，逐漸發揮了風險規避與價格發現功能，具備了套期保值的市場基礎，對新加坡市場也產生了一定的輻射作用。通過國內外套期保值鏈條的延伸，眾多燃料油生產企業貿易風險控制能力大大增強。雖然取得了一定的成就，但中國能源期貨市場才剛剛起步，存在期貨品種單一、參與度與流動性不足的問題。中國目前僅存在燃料油期貨市場，只有涉及燃料油的企業可以利用國內期貨平臺進行套期保值。由於國家政策的限制，有資格在國際期貨市場中進行套期保值操作的企業僅20多家。在國際石油價格金融化趨勢下，更多的石油消費企業只能被動承受油價劇烈波動所帶來的風險，並通過產業鏈傳遞，對中國經濟方方面面產生了一系列的負面影響。

發展石油期貨市場，一方面可以為企業提供更好的風險規避平臺，提高中國企業的經營實力；另一方面有助於中國融入石油金融化定價的國際趨勢，參與國際石油價格制定規則，反應更多的中國需求。作為亞太地區的經濟與政治重點國家，中

國應首先在亞太地區打造具有影響力的石油定價中心，形成能夠反應中國石油供求關係、輻射整個亞太地區的期貨市場。

一是加快石油產品相關期貨合約品種的開發和上市。期貨品種的缺乏造成期貨市場交易的不足，市場需求不能得到有效滿足，是制約期貨市場發展的重要因素。因此中國可根據市場需求不斷調整，推出新品種，匹配現貨市場，以更好地發揮價格發現、風險規避等基本職能。根據國際石油市場結構性不均衡的特點，中國可以考慮上市符合中國原油消費特徵，又能避開和其他交易所原油期貨合約直接競爭的品種，如高硫油原油期貨。燃料油期貨市場近幾年運行的成功與不足，為我們在能源期貨的整套交易、交割、結算規則以及技術支持系統、風險控制體系方面提供了寶貴的經驗。在不斷的實踐過程中，中國要致力於創新並豐富石油金融衍生品交易品種，建立包括石油期貨、期權、掉期、中遠期交易市場在內的多層次石油金融市場，打造亞洲交易中心，並以此來影響國際石油價格。

二是加強市場開放度，開放國外資金與機構進入國內燃料油期貨市場，進一步促進燃料油市場的活躍度，吸納更多的石油石化企業、金融機構、運輸航空等高耗能企業參與市場套期保值交易和競價，營造市場參與者共同承擔油價風險的局面。

三是健全石油期貨市場的監管機制。石油金融領域的創新可以極大地活躍石油金融市場，完善石油金融體系，但是也蘊藏著巨大的風險。由於相關政策出抬的時滯效應，一些投機者行為可能會干擾市場信息，破壞良好的市場秩序，對石油金融市場的穩定構成威脅。這在近年來金融機構、對沖基金在石油市場中的作為中已經得以充分表現。在培育石油金融市場的過程中，需要完善期貨交易相關法律法規，加強政府對期貨的監管職能。首先，通過電子化平臺實現資源共享，加強信息披露與透明化，形成以交易數據為依據的風險預警機制。其次，秉

承「公開、公正、公平」的原則，在會員資格審批、逐日盯市與逐筆盯市制度、保證金制度、持倉限額制度等方面加強風險管理制度的建設。

9.4.3 人民幣國際化與石油人民幣的結合

次貸危機后，世界經濟格局正面臨新一輪的洗牌，美元的金融霸權地位受到削弱，同時中國經濟實力不斷上升，人民幣升值前景利好。未來世界儲備貨幣的多元化、人民幣國際地位上升是必然的趨勢。美元通過對石油計價權的壟斷成為石油與金融市場的雙贏者，也進一步鞏固了其在全球的政治影響力。然而石油美元計價的弊端在美元貶值長期化趨勢以及金融危機的爆發中已經顯現出來，在這樣的石油金融制度安排下，石油金融市場波動加劇已經成為常態，石油生產國與消費國的財富損失進一步加大。在美元貶值的背景下，很多石油出口國，甚至一些非OPEC國家正試圖擺脫美元匯率進行石油交易結算。目前歐美對伊朗的石油禁運制裁中，伊朗央行已經與印度央行達成協議，在印度進口伊朗石油的交易過程中，使用印度盧比進行結算，盧比結算份額將達到印伊石油交易份額的45%。[①] 在國際金融勢力不斷整合的前景下，石油價格結算貨幣的多元化是未來的發展趨勢。

中國在世界經濟與政治領域的主導權與人民幣在國際經貿市場中的影響力息息相關。人民幣在國際經濟與貿易活動中獲得越來越高的權重是未來人民幣成為主要國際貨幣的關鍵。作為世界最大宗貿易商品，石油結算與貨幣的綁定意味著貨幣地位的崛起。因此，人民幣國際化與「石油人民幣」是相互促進、

---

① 佚名. 印伊交易新機制將兩個月內開始運轉 [EB/OL]. [2012-02-14]. http://www.rlyou.com/rly/ShowArticle.asp? ArticleID=12040.

相互影響的過程。人民幣國際化是推動石油貿易採用人民幣結算的基礎，石油人民幣結算區域的擴大也將推動人民幣國際化的進程。中國長期穩定較快的經濟增長，幣值穩定及升值預期，以及在國際石油市場上突出的買方地位顯示出石油人民幣結算的良好前景。中國在擴大人民幣在岸金融市場的建設，完善人民幣回流機制的基礎上，應循序漸進地擴大人民幣對石油與其他大宗商品價格的影響力。如：與石油出口國組織的雙邊貿易中推動人民幣作為計價、結算與儲備貨幣；通過與中國經貿聯繫密切、石油貿易量較大、政治關係良好的國家協商兩國貨幣的雙邊互換合作、貨幣互換協議的簽署以及跨境人民幣結算等。

9.5 金融與石油資產的宏觀管理

9.5.1 外匯儲備結構調整的需求

石油安全和金融安全須聯繫起來通盤考慮，金融業也面臨著「走出去」的機遇和挑戰。中國是世界最大的外匯儲備國，2011年外匯儲備餘額達到3.2萬億美元，遠遠超過排名第二位的日本，占全球的儲備比重近三成。龐大的外匯儲備規模是中國經濟增長中的國民財富累積，是抵禦本國金融風險的重要條件，同時在當前歐元區危機期間也是穩定外匯市場與國際主權債務市場的重要因素。但是，過多的外匯儲備對中國而言也面臨一系列不利局面。

第一，增大了儲備資產的管理難度和風險。金融全球化背景下，國際資本以前所未有的速度在金融市場之間流動，匯率與利率等金融指標波動越來越劇烈。規模過大的外匯儲備從成本收益上來看非常不利，不僅面臨機會成本和利差損失，還容

易使國家財富處於巨大的風險之中。中國外匯儲備規模巨大，並且多以美元為資產幣種結構。從投資的流向和品種看，相當一部分比例以聯邦政府機構債券、財政部中長期債券、美國公司債券、國庫券等美國各類債券形式進入美國。不過，近年來美元持續貶值，以美元為主要儲備資產的國家財富嚴重縮水，各國存儲美元資產的比例有所下降。2011年，中國外匯儲備投資於美國市場的比重達到10年來的最低點（54%），一定程度上意味著中國外匯資產配置策略在國際形勢變動中的新動向。①

第二，變相的國民財富流失。中國每年通過稅收優惠等政策引進數額巨大的外商投資。中國同時持有3萬多億美元的外匯儲備，大多以美元資產形式存在。這一方面是國家財政收入減少，另一方面，累積的大量財富為發達國家提供了建設資本。並且中國投資方式多是收益低的政府短期債券，而外商在中國的投資多是高收益的長期投資，潛在的機會成本不可忽視。

第三，弱化了中國貨幣政策的有效性和獨立性。外匯儲備只是國際競爭力的表現之一，而綜合國際競爭力反應為一國資源分配的合理性和未來經濟發展潛力。在現在的外匯強制結售匯制度下，過多的外匯儲備導致央行外匯占款增加，基礎貨幣規模加大，阻礙了國內經濟循環，加大了國內通脹預期。在這樣的背景下，央行往往採取對沖操作來控制貨幣供應，緩解國內經濟的通脹壓力。這種「對沖」操作限制了央行貨幣政策調控的獨立性和操作空間。同時，外匯儲備激增將導致人民幣升值預期進一步加大，外匯頻頻流入，限制了央行利率調控手段的作用空間。

因此，利用石油儲備參與外匯儲備的總量控制與結構調整

---

① 佚名. 中國外匯儲備美元比重降至10年來最低，外媒關注 [EB/OL]. [2012-03-02]. http://news.hexun.com/2012-03-02/138877275.html.

需求日益迫切。① 外匯市場本身也是一個風險莫測的市場，而且匯率的變動影響著商品計價的變動，進一步導致實物市場交易率的變化。石油以美元計價，石油與美元呈現負相關走勢，而美元是最主要的外匯儲備資產。在這樣特殊的金融聯繫下，將金融類資產與石油類資產進行統籌管理，利用匯率與石油價格變動將不同的資產進行組合轉換，不失為一種規避風險、保值增值的手段。

9.5.2 國際石油儲備形式

兩次石油危機給世界各國帶來了較為嚴重的經濟衰退，也給各國敲響了警鐘，使其紛紛加大了石油儲備能力的建設。石油儲備是能源戰略的重要組成部分，是一國在面對短期石油供給衝擊時，保障石油不間斷供給的重要途徑。由於油庫建設資金量大，並且以國家層面進行規劃，因此需要有強大的國家金融戰略作為支撐。目前世界上戰略石油儲備分為第一級、第二級和第三級三種形式。第一級石油儲備是指政府或石油企業自己的持有量（通常是指儲存在大型儲藏設施內）；第二級石油儲備是指批發商特有的庫存；第三級石油儲備是指最終消費者持有的存貨。第二級和第三級石油儲備又叫作商業庫存或商業儲備，但不存在全面準確的資料，對油價的影響也是不可忽視的。

各國戰略石油儲備體制根據具體國情不同而各具特色（見表9-1）。美國石油儲備是自由市場型，戰略儲備為美國政府所擁有，而對於民間儲備——第二級和第三級儲備，美國政府予以一定的優惠措施。② 雖然美國商業儲備不受制度制約，但美國

---

① 馬衛鋒，黃運成，劉瑩. 構建石油金融體系 [J]. 資源科學，2005，11.
② 張紹飛，等. 國外石油儲備建設與管理模式比較 [J]. 國際石油經濟，2001，7.

可根據市場供求信息引導企業進行石油儲備，美國目前的商業儲備能力大大高於戰略儲備。在運行機制方面，美國戰略石油儲備管理機構雖然為政府所有，但整個運行機制和管理機制卻高度市場化。從儲油地選擇、儲油規模、儲油設施利用、補倉和釋放的時機到動用儲備機制等都基本採用了市場化方式。從石油儲備設施利用來看，美國戰略石油儲備全部依靠財政撥款。為了減輕財政負擔，美國對儲油設施開展了商業化運作，儲油設施可以向國內企業，甚至國外企業出租，從而獲取收入。①

日本對石油資源的高度依賴讓其應對石油衝擊有充分的準備，擁有強大的石油儲備網。日本石油儲備是政府導向性儲備，實行政府儲備和民間儲備並重，以政府儲備為主，但近年來民間儲備規模不斷加大，達到總儲油量的近一半。煉油商、石油銷售商與石油進口商是石油民間儲備的責任人，動用民間儲備需要經歷非常嚴格的程序，必須經過通產省批准。

德國和法國是社會市場型。德國、法國石油儲備特點是官民結合，政府和企業儲備多層次的儲備體制，又稱為聯盟儲備。法定的聯盟成員包括所有的煉油廠、石油進口公司、石油銷售公司與使用石油發電的電廠。這一儲備方式具有鮮明的社會主義特色，在市場發生石油供應危機時，聯盟儲備與政府儲備一樣，擔負著供應石油的義務和責任。

---

① 林伯強.伊朗形勢下重新審視石油戰略儲備 [N].重慶時報，2012-03-02.

表 9-1　美國、日本、德法等國石油儲備形式比較

	美國	日本	德國、法國
儲備形式	自由市場型	政府導向型	社會市場型
儲備特點	政府是儲備主體，戰略石油儲備為財政撥款，但市場運作高度市場化。商業石油儲備能力大大高於戰略石油儲備	政府和民間儲備並重，民間儲備管理嚴格，由煉油商、銷售商和石油進口商為主要責任人	政府、企業形成多層次聯盟儲備體制，聯盟儲備與政府儲備一樣在危機時擔負供應義務

9.5.3　加快多層次的石油儲備建設

IEA 提出：「石油儲備相當於一份保險單，能夠在供應中斷發生或鄰近時動用。」中國進口依存度已經超過 50%，石油國家戰略石油儲備事關石油安全，不僅可以應對石油市場的突發狀況，也是大國后備儲備實力的表現，對國際威脅具有一定的威懾作用。從各國石油戰略儲備實力來看，中國石油儲備天數僅為 40 天左右，遠遠低於美國、日本、德國等發達國家，甚至低於同屬於亞洲的韓國。

從中國戰略石油儲備建設規劃來看，中國的戰略石油儲備建設共分為三期，將於 2020 年全部建設完成。第一期儲備基地包括鎮海、舟山、黃島、大連四處；第二期儲備基地正在建設，包括遼寧錦州、山東青島、江蘇金壇、浙江舟山、廣東惠州、新疆獨山子、甘肅蘭州等地；第三期尚在規劃之中，計劃儲備能力為 2.32 億桶。從目前建設情況來看，中國戰略石油儲備只能維持 30 天左右的供給，到 2020 年，中國的戰略石油儲備基地總容量只有 5.03 億桶的水平，也不過剛剛達到 90 天這條及

格線①。

　　對中國而言，戰略石油儲備的建立既要考慮資金成本，也要考慮對石油市場的影響，科學規劃儲備佈局，慎重選擇儲備地點，採取最佳儲備方法。首先，油庫建設和石油採購都需要巨額資金作為保障，應該由國家動用多方資源和力量，建立市場化機制以多方渠道籌集資金建設。其次，加快建設商業石油儲備。未來發生大規模石油戰爭的可能性已經大大降低，如果投入巨額資金建設石油儲備，建設費用和倉儲維護費用都是一筆不小的開支，既不經濟也不必要。而商業性石油儲備可以按照市場容量分散化建立，有助於降低財政支出成本，並且能滿足短期石油供給中斷造成的市場失衡，應該成為中國石油儲備建設的重要方向。國際石油經驗表明，多元化的石油儲備體系在使用效率、資金成本上都有明顯優勢，民間組織機構積極參與石油儲備建設，可以極大地加強石油儲備力量。中國民間組織機構擁有很大的儲備空間，把信譽好、實力強的民間組織機構納入國家石油儲備體系，不僅能夠節約時間，加快中國石油儲備體系建設，而且也會極大地降低管理成本。

　　同時，中國也可利用期貨市場的運作來降低石油儲備成本。因為中國期貨市場規模和在亞太地區影響力的擴大，國際石油商品在中國期貨交割點附近建立的石油儲備量也將越來越大，中國可以借助於國際石油資本的實力增大石油儲備規模，應對外部市場風險。

---

① 國際能源署 IEA 要求其成員國戰略石油儲備達到 90 天。

9.6 國際石油金融合作方式的創新與發展

9.6.1 石油易貨貿易

在金融市場快速發展、貨幣充當一般等價物被廣泛運用的今天,易貨貿易之所以又重新繁榮起來,根本原因在於外部金融環境的動盪,政府和企業外匯的短缺讓石油易貨貿易成為硬通貨缺乏國家的優先選擇。2005年,中國成立了世界首個石油易貨市場,大大擴充了石油貿易渠道,成為與石油期貨交易、現貨交易之外的另一種石油貿易方式。石油易貨市場主要有「工程易貨」、「石油易貨」兩種形式。通過在易貨交易中心進行交易,買賣雙方可以根據需求交換到等價的貨物與油氣產品。另外,具有建設資質的工程公司也可以在交易市場尋找到需要引資開發油氣的公司或者國家,交易達成后,油氣建設費用通過石油來支付。石油易貨貿易是石油金融環境不斷變動的破解之道,中國可以與石油資源豐富、外匯資金緊缺、與中國關係良好的國家或企業開展石油易貨貿易,進一步獲得石油供給的優先權。

9.6.2 貸款換石油

一般而言,獲取石油有三種途徑:購買貿易油、海外直接投資開採或併購、貸款換石油。貸款換石油實際上是一種「資源與資產」的互換協議,是基於現貨和期貨交易的一種石油金融創新,開啓了「南南合作」的新範式。購買貿易油是最常見也最靈活的方式,但面對中國不斷增長的石油需求壓力,購買貿易油的方式已經不能滿足充分的供給需求,中國加大了「走

出去」的速度，積極開拓海外石油資源，作為油源供應的補充。

值得注意的是，近年來產油國家或地區民族勢力高漲，逐漸收縮國內的資源開採權，各國進入產油國當地進行合作開發的難度越來越大。同時，油氣資源富集地往往處於政治、自然環境較為不利的地區，海外作業風險較大，如果遇到戰爭、自然災害等突發事件，將會造成極大的損失。近期利比亞動亂事件給中國在當地的油氣投資造成極大的資金損失。相較而言，貸款換石油既可以增加中國的原油供給，又可以降低「走出去」過程中的政治風險，不會給國際市場帶來重大衝擊，同時還能起到外匯儲備投資多元化的作用。

2009年是中國實踐貸款換石油的豐收年。在這一年，中國分別與多個國家簽署了「貸款換石油協議」，包括巴西、安哥拉、委內瑞拉、哈薩克斯坦和厄瓜多爾等國，總額高達460億美元。根據這些協議，中國在未來15至二20間將通過向合作國家區域內的石油公司提供貸款，以此獲得每年原油供應3,000萬噸。[1] 今后中國應進一步探索「石油換資產」的合作模式，向合作範圍擴大化、合作模式多元化方向發展，根據具體國情而選擇直接供油協議或者轉讓本國石油公司的股權等。貸款換石油是石油貿易模式的創新，對石油出口國和進口國而言都是雙贏的選擇。

9.6.3 股權換油源

石油金融的創新和發展將悄然改變中國目前政府主導的石油投融資體系。伴隨著石油資源的日益稀缺和中國石油市場的日益擴大，股權換油源合作方式應運而生。股權換油源是一種

---

[1] 韓彩珍. 貸款換石油——中國尋求海外油源的新探索 [J]. 經濟研究導刊, 2010, 13.

獲取石油資源、提升石油安全水平的金融安排，即讓具有油氣資源所屬外國企業或投資主體，採取股權捆綁油源的方式，與中國民營企業合資經營，在共建中小型石油碼頭、石油運輸系統、煉油廠及倉儲設施、終端銷售網點等方面進行合作。除此之外，石油資源的全球爭奪正在如火如荼地展開，中國可以採取購買證券化的油氣田股份、收益權證券化的金融產品等方式分享海外石油資源的投資收益。「2009年中石化通過成功收購英國Addax公司境外股票，獲得Addax公司在尼日利亞、加蓬、伊拉克等地區部分油氣資源的掌控權。另外，中海油與中石化聯合收購了馬拉松石油公司下屬馬拉松安哥拉32區塊20%的權益等，收購金額達到13億美元。數據顯示，2009年上半年中國在油氣資源領域的併購金額增加到820億元左右，比上一年同期增長80%。」[1] 相對於到資源國進行投資開發，股權換油源的方式顯得更為溫和，不易引發民族主義情緒，是一種值得進一步推廣的合作方式。

9.7　石油外交與能源合作的大力推進

9.7.1　與石油生產國的能源合作

在中國2010年石油進口來源排名前十位的國家中，有5個國家來自中東地區（沙特、伊朗、阿曼、伊拉克和科威特），有3個國家來自非洲地區（安哥拉、蘇丹和利比亞），剩下的來自俄羅斯和哈薩克斯坦，與這些國家的能源合作關乎中國石油安全。近年來中國運用政治經濟外交和必要的軍事手段，與石油

---

[1] 羅佐縣. 中國油企的「出海」契機——要「貿易油」還是「份額油」? [N]. 中國產經新聞報，2009-10-12.

生產國展開密切合作，在保障石油供應安全方面取得了很大的進展。中國境外油氣勘探開發已經在非洲、中亞、南美、亞太和中東地區取得了100多個項目的控股、參股和獨立勘探開發權。2010年，中國海外油氣作業產量達8,673萬噸，較2009年增長13.9%。權益油產量突破6,000萬噸，同比增長約15%。2010年，中石油、中石化、中海油三大石油公司海外併購金額合計超過300億美元，占同期全球上游併購的20%。[①]

如何「走出去」獲得石油生產國豐富的油氣資源是未來中國石油安全戰略的重要內容，根據全球不同的油氣資源分佈與具體各國國情，中國需要加強與以下各重點油氣生產國家的能源合作。一是繼續加大與俄羅斯等鄰國和中亞地區的合作，推進中俄天然氣管道、中緬油氣管道的合作。二是繼續擴大與沙特等中東石油大國的合作，加強包括投資開發新油田、建設港口和輸油管道、油氣上下游一體化、工程承包以及油氣以外能源領域的項目和投資合作。三是繼續提升與巴西、委內瑞拉等南美國家的合作，推進原油貿易、油氣勘探開發、能源工程技術服務和物資裝備出口等一攬子合作。四是繼續推進與蘇丹、安哥拉等非洲國家的合作，逐步擴大合作範圍和合作領域，努力構建與非洲國家全方位、多領域的能源合作格局。

9.7.2 與石油消費國的能源合作

長期以來，石油資源的爭奪從未停止過，石油進口國也存在著競爭和潛在衝突。石油消費國之間的摩擦加劇不利於石油市場的穩定，也容易增大協調成本。2006年，東北亞地區五國（中、印、日、韓、美）能源部長在北京簽下了《中國、印度、

---

① 趙志平. 2010年中國石油和化工行業經濟運行情況及2011年預測［J］. 當代石油石化，2011，2.

日本、韓國、美國五國能源部長聯合聲明》（下稱《聯合聲明》）。《聯合聲明》指出：「五國就能源安全和戰略石油儲備、能源結構多樣化和替代能源、投資和能源市場、國際合作的主要挑戰和優先領域、節能和提高能效五個方面展開廣泛的合作，共同促進五國和全球的能源安全和市場穩定。」① 這是石油消費國在能源領域為共同利益而協商的首次嘗試，雖然不能與OPEC和IEA的國際影響力相提並論，石油消費國間的分歧嚴重，達到無間隙還有相當距離，但這次努力為今後石油消費國的對話和交流提供了寶貴的經驗借鑑。今後中國應進一步將強與石油消費國，尤其是東亞地區的石油消費合作。如建立政府間、民間交流的地區能源組織；通過多邊合作機制加強信息的發布，整合能源資源；加強政府對話，改善國家關係等。

9.7.3 加強與國際能源機構的溝通交流

近年來中國石油戰略國際化步伐加速，積極參與國際能源協調與合作組織。2010年，中國參與了多個高級別、影響大、與中國關係密切的多邊能源國際會議，如亞太經合組織第九屆能源部長會、第七屆東盟+3能源部長會、第四屆東亞峰會能源部長會、國際能源論壇部長會議、第四屆國際可再生能源大會、全球核能合作夥伴執行委員會部長級會議等。另外，中國積極開展在非洲地區的石油外交，成功舉辦中非首腦峰會。長期以來中國一直幫助緬甸修建基礎設施，積極推動連接中俄、中哈的油氣輸送管道。這些重大石油外交措施，為中國穩定獲取海外石油資源奠定了良好的基礎。

從目前中國參與國際能源合作機制的程度看，中國與全球和區域層面的國際能源組織幾乎都有合作關係，只是合作程度

---

① 馬川. 石油消費國聯盟的現實性 [J]. 中國石油石化，2008，10.

較低，主要是一般性合作和對話性合作。中國擁有廣闊的市場，但基本被排除在主要能源組織之外。這既與中國自身參與能力有關，也與國際組織相當程度的排他性有關。IEA建立的國際合作機制對於增加國際能源市場透明度、促進能源供應國和消費國之間的對話和協商提供了良好的環境。但是國際能源市場格局和國際政治形勢的不斷變化使影響能源安全的因素越來越多，傳統的地緣政治鬥爭依然在影響國際能源市場，諸如恐怖主義、環境污染、發展中國家尤其是新興市場國家的石油消費需求快速增長等挑戰，都在考驗現有的以西方發達國家為主導的國際合作機制。國際社會對保障能源安全和應對氣候變化的願望越來越強烈，亟待新的國際合作機制的出現。

在這樣的背景下，中國一方面要尋求代表發展中石油消費國利益的組織，另一方面要加大與國際能源組織雙邊能源對話和溝通的力度，不再被動地接受規則，而去影響和主導國際能源規則。中國應積極參與新的國際合作機制建立，在充分尊重國家主權的基礎上，開展更廣泛的交流和協商，在國際合作方面發揮更大的影響作用。一是繼續推進與能源領域多雙邊交流與對話，如國際能源署（IEA）、石油輸出國組織（OPEC）、國際可再生能源署（IRNA）在內的能源組織。二是積極參與國際能源組織的改革進程和相關憲章的擬訂工作，積極引導其改革向公平合理的方向發展。這些平臺和活動促進了中國與國際社會對能源問題的溝通和互信。

參考文獻

[1] HABBERT M K. Techniques of Prediction as Applied to the Production of Oil and Gas [J]. Oil & Gas Supply Modeling National Bureau of Standards Special Pablication, 1982.

[2] LAI K S, LAI M. A Cointegration Test for Market Efficiency [J]. The Journal of Futures Markets, 1991.

[3] AMANO R A, D NORDEN S V. Oil Prices and the Rise and Fall of the US Real Exchange Rate [J]. Journal of International Money and Finance, 1998, 17.

[4] DELPHINE LAUTIER, FABRICE RIVA. The Determination of Volatility on the American Crude Oil Futures Market [J]. OPEC Energy Review, 2008.

[5] MICHAEL HAMILTON. Energy Investment in the Arab World: Financing Options [J]. OPEC Review, 2003.

[6] FONG W M, K H SEE. A Markov Switching Model of the Conditional Volatility of Crude Oil Futures [J]. Energy Economics, 2002, 24.

[7] YANG C W, M J HWANG. Analysis of Factors Affectin Price Volatility of the US Oil Market [J]. Energy economics, 2002, 24 (2).

[8] MUNDELL R. Commodity Prices, Exchange Rates and the International Monetary System [R]. FAO-Continal Agriculture Commodity Price Problems, 2008.

[9] MICHAEL YE, JOHN ZYREN, JOANNE SHORE, et al. Crude Oil Futures as an Indicator of Market Changes: A Graphical Analysis [J]. Int Adv Econ Res, 2010, 16.

[10] CHANTZIARA T, SKIADOPOULOS G. Can the Dynamics of the Term Structure of Petroleum Futures Be Forecasted? Evidence From Major Markets Preview [J]. Energy Economics, 2008, 30 (3).

[11] CORTAZAR G, SCHWARTZ E S. Implementing a Stochastic Model for Oil Futures Prices Preview [J]. Energy Economics, 2003, 25 (3).

[12] DAVIDSON P. Crude Oil Prices: Market Fundamentals or Speculation? [J]. Challenge, 2008, 51 (4).

[13] HOOI HOOI LEAN, MICHAEL MCALEER. Market Efficiency of Oil Spot and Futures: A Mean-variance and Stochastic Dominance Approach [J]. Energy Economics, 2010, 32.

[14] FUNG J K W, LIEN D, TSE Y, et al. Effects of Electronic Trading on the Hang Seng Index Futures Market [J]. International Review of Economics and Finance, 2005, 14 (4).

[15] GEMAN C K. WTI Crude Oil Futures in Portfolio Diversification: The Time-to-maturity Effect [J]. Journal of Banking and Finance, 2008, 32.

[16] MATTBEW HIGGINS, TBOMAS KLITGAARD, ROBERT LERMAN. Recycling petrodollar [J]. Current Issues in Economics and Finance December, 2006, 12 (9).

[17] P ISARD, D LAXTON. The Macroeconomic Effect of

Higher Oil Prices [J]. National Institute Economic Review, 2002, 179.

[18] BRANDON, HEMBREE. Oil From the Strategic Reserve: Was it an Emergency or Just More Politics? [J]. Delta Farm Press, 2011, 68 (33).

[19] KILIAN L. Not All Oil Price Shocks Are Alike: Disentangling Demand and Supply Shocks in the Crude Oil Market [R]. CEPR Discussion Paper (London, Centre for Economic Policy Research), 2006.

[20] FARINA R F. Geopolitical Factors and Increasingly Turbulent Supply and Demand [J]. Journal of Global Business and Technology, 2006.

[21] FRANSSEN H I. The Future of Oil: Will Demand Meet Supply? [J]. Demand Implications of Peak, 2005.

[22] HUBBERT M K. The Energy Resources of the Earth [J]. Energy and Power. Freeman and Co., San Francisco. 1971.

[23] KATE W T, GEUNS L V. The Future of the World's Oil Supply [J]. European Energy Review July/August, 2008.

[24] LIN C Y. Estimating Annual and Monthly Supply and Demand for World Oil: A Dry Hole? [J]. JEL, Classification: C30, Q40, D41, 2004.

[25] ERB C, C HARVEY. The Strategic and Tactical Value of Commodity Futures [J]. Financial Analysts Journal, 2006, 62.

[26] ETULA E. Broker-Dealer Risk Appetite and Commodity Returns [J]. Working paper, Federal Reserve Bank of New York, 2010.

[27] EVANS M, R LYONS. Forecasting Exchange Rate Fundamentals with Order Flow [J]. Working paper, University of Califor-

nia, Berkeley, 2009.

［28］FAMA E, K FRENCH. Commodity Futures Prices: Some Evidence on Forecast Power, Premiums, and the Theory of Storage ［J］. Journal of Business, 1987, 60.

［29］HAMILTON J. What is An Oil Shock? ［J］. Journal of Econometrics, 2000, 113.

［30］VERLEGER P. Comments on Federal Speculative Position Limits for Referenced Energy Contracts and Associated Regulations ［R］. Federal Register 4144, 2010.

［31］XIONG W, H YAN. Heterogeneous Expectations and Bond Markets ［J］. Review of Financial Studies, 2010, 23.

［32］YANG D, Q ZHANG. Drift Independent Volatility Estimation Based on High, Low, Open and Close Prices ［J］. Journal of Business, 2000, 73.

［33］林伯強, 黃光. 能源金融 ［M］. 北京: 清華大學出版社, 2011.

［34］馬登科, 張昕. 國際石油價格動盪之謎 ［M］. 北京: 經濟科學出版社, 2010.

［35］黃運城, 馬衛峰. 中國石油金融戰略體系構建及風險管理 ［M］. 北京: 經濟科學出版社, 2007.

［36］向松祚. 匯率危局: 全球流動性過剩的根源和后果 ［M］. 北京: 北京大學出版社, 2007.

［37］羅伯特·巴伯拉. 資本主義的代價——熊彼特, 明斯基模式下未來經濟增長之道 ［M］. 朱悅心, 譯. 北京: 中國人民大學出版社, 2011.

［38］鄭壽春. 黑色變局——國際石油金融的交鋒 ［M］. 北京: 石油工業出版社, 2011.

［39］穆罕默德·埃爾·賈邁勒, 等. 石油暴怒——黑金的

全球詛咒［M］.蘭曉榮,李辛,譯.北京:石油工業出版社,2011.

［40］管清友.石油的邏輯——國際油價波動機制與中國能源安全［M］.北京:清華大學出版社,2010.

［41］胡國松,朱世宏.現代國際石油經濟論［M］.成都:四川科學技術出版社,2009.

［42］巴曙松,牛播坤,等.2010年全球金融衍生品市場發展報告［M］.北京:北京大學出版社,2010.

［43］王書平.石油價格——非市場因素與運動規律［M］.北京:中國經濟出版社,2011.

［44］伊曼妞爾・沃勒斯坦.美國實力的衰落［M］.譚榮根,譯.北京:社會科學文獻出版社,2003.

［45］安尼瓦爾・阿木提,張勝旺.石油與國家安全［M］.烏魯木齊:新疆人民出版社,2003.

［46］劉敏.石油金融衍生品市場價格波動研究［M］.北京:經濟科學出版社,2010.

［47］郝鴻毅.后危機時代石油戰略［M］.北京:中國時代經濟出版社,2009.

［48］胡懷國.石油價格波動及其宏觀經濟影響——兼論供求衝擊的不同后果［M］.北京:經濟科學出版社,2010.

［49］劉拓,劉毅軍.石油金融知識［M］.北京:中國石化出版社,2007.

［50］張志前,涂俊.國際油價誰主沉浮［M］.北京:中國經濟出版社,2009.

［51］童媛春.石油真相［M］.北京:中國經濟出版社,2009.

［52］王基銘.國外大石油石化公司發展戰略研究［M］.北京:中國石化出版社,2007.

［53］張廣榮.中國資源能源類境外投資基本問題研究——基於中國企業實踐和政府政策的角度［M］.北京：中國經濟出版社，2010.

［54］浩君.石油效應［M］.北京：企業管理出版社，2005.

［55］劉希宋，等.石油價格研究［M］.北京：經濟科學出版社，2006.

［56］約瑟夫·P.丹尼爾斯，戴維·D.範戶斯.國際貨幣與金融經濟學［M］.2版.李月平，譯.北京：機械工業出版社.

［57］克魯格曼.國際經濟學［M］.5版.海聞，等，譯.北京：中國人民大學出版社，2002.

［58］王群勇，張曉峒.原油期貨市場的價格發現功能——基於信息份額模型的分析［J］.統計與決策，2005，6.

［59］吳毅，葉志鈞.三大石油期貨市場套期保值功能的比較研究［J］.統計與決策，2006，1.

［60］劉瑩，黃運成，羅婷.石油市場的金融支持體系研究［J］.資源科學，2007，1.

［61］佘升翔，馬超群，等.能源金融的發展以及對中國的啟示［J］.國際石油經濟，2007，8.

［62］陳柳欽.石油金融：融合態勢與中國的發展戰略［J］.當代經濟管理，2011，8.

［63］張宏民，葛家理，胡機豪.石油金融化及中國石油金融安全的對策研究［J］.石油大學學報（社會科學版），2002，18（4）.

［64］陳芳平，李靜.新能源產業發展的金融支持策略［J］.甘肅金融，2010，2.

［65］張華林，劉剛.中國石油安全評價指標體系初探［J］.

國際石油經濟，2005，5.

[66] 易鐵林. 推出石油期貨的理論與現實分析 [EB/OL]. [2003-12-10]. http://www.qhltw.com/ml/200802/27/20080227105946.htm.

[67] 王愛化，鄒惠. 國際期貨市場機構投資者的發展及借鑑 [J]. 證券市場導報，2008，9.

[68] 範英，焦建玲. 石油價格理論與實證 [M]. 北京：科學出版社，2008.

[69] 田毅. 幻影與真實：對沖基金與高油價之謎 [N]. 第一財經日報，2006-06-19.

[70] 張茉楠. 構建新型能源金融體系的戰略圖譜 [J]. 發展研究，2009，4.

[71] 付俊文，範從來. 構建能源產業金融支持體系的戰略思考 [J]. 軟科學，2007，2.

[72] 曾擁政，武小龍. 建立中國的石油金融戰略體系——中航油事件引發中國石油金融安全的思考 [J]. 甘肅農業，2006，5.

[73] 周雷，倪雯，董斌. 上海燃料油期貨市場有效性的計量實證研究 [J]. 現代管理科學，2007，6.

[74] 王索. 中國石油金融化的構建和發展初探 [J]. 石油天然氣學報，2007，3.

[75] 林伯強. 中國能源政策思考 [M]. 北京：中國財政經濟出版社，2009.

[76] 張宇燕，李增剛. 國際政治經濟學 [M]. 上海：上海人民出版社，2007.

[77] 範英，焦建玲. 石油價格：理論與實證 [M]. 北京：科學出版社，2008.

[78] 林伯強，牟敦國. 高級能源經濟學 [M]. 北京：中國

財政經濟出版社，2009.

［79］閆林. 后半桶石油——全球經濟戰略重組［M］. 北京：化學工業出版社，2007.

［80］孫溯源. 國際石油公司研究［M］. 上海：上海人民出版社，2010.

［81］代鵬. 金融市場學導論［M］. 北京：中國人民大學出版社，2002.

［82］管清友. 石油的邏輯——國際油價波動機制與中國的能源安全［M］. 北京：清華大學出版社，2010.

［83］陳大恩，王震. 國際原油期貨市場的價格發現和套期保值——兼論中國推出原油期貨的意義和時期［J］. 石油大學學報（社會科學版），2005，3.

［84］吳許均，侯一蕾. 能源期貨合約成敗的決定因素［J］. 上海金融，2004，8.

［85］張宏民，褚玦海. 衍生產品市場與石油企業風險管理［J］. 中國金融，2005，23.

［86］朱國華，褚玦海，等. 期貨市場學——工具、機構與管理［M］. 上海：上海財經大學出版社，2004.

［87］劉元琪. 資本主義經濟金融化與國際金融危機［M］. 北京：經濟科學出版社，2009.

［88］佚名. 中東原油出口「亞洲溢價」現象加劇［EB/OL］.［2009-02-22］. http://news.xinhuanet.com.

［89］馮躍威. 次貸危機對國際資本流動和石油市場的影響［J］. 國際石油經濟，2008，5.

［90］王才良. 世界石油工業140年［M］. 北京：石油工業出版社，2005.

［91］李凌雲. 從美元霸權到美元危機的歷史與邏輯［J］. 南方金融，2010，3.

[92] 廖子光. 金融戰爭：中國如何突破美元霸權 [M]. 北京：中央編譯出版社, 2008.

[93] 魯世巍. 美元霸權的歷史考察 [J]. 國際問題研究, 2004, 4.

[94] 蒲志忠. 國際油價波動長週期現象探討 [J]. 國際石油經濟, 2006, 6.

[95] 劉東. 高油價均衡下中國與中東產油國的石油合作 [J]. 國際石油經濟 2011, 10.

[96] 羅承先. 頁岩油開發可能改變世界石油形勢 [J]. 中外能源, 2011, 12.

[97] 張照志. 影響歐佩克石油政策的主要因素及其未來政策走向 [J]. 資源科學, 2011, 3.

[98] 張抗, 盧雪梅. 經濟和能源地緣格局變化及中美戰略對策 [J]. 中外能源, 2012, 2.

[99] 鄒東濤. 宏觀經濟與金融分析 [M]. 北京：中國言實出版社, 2002.

[100] 張抗, 周芳. 美國石油進口依存度和來源構成變化及啟示 [J]. 中外能源, 2011, 16 (2).

[101] 張抗. 中國和世界地緣油氣 [M]. 北京：地質出版社, 2009.

[102] 孫竹, 李志國. OPEC 剩余產能與國際原油市場價格短期波動 [J]. 國際經濟合作, 2011, 12.

[103] 楊玉峰. 2010 年全球石油市場基本面因素分析及 2011 年展望 [J]. 中國能源, 2011, 4.

[104] 鄭聯盛. 美聯儲量化寬鬆政策對大宗商品的影響 [J]. 國際石油經濟, 2010, 11.

[105] 菲利普斯. 一本書讀懂美國財富史——美國財富崛起之路 [M]. 王吉美, 譯. 北京：中信出版社, 2010.

[106] 任重道. 過度金融化產生的道德風險 [J]. 上海財經大學學報, 2009, 5.

[107] 白欽先. 以全新視野審視金融戰略 [N]. 經濟日報, 2000-07-01.

[108] 李翀. 論從實物經濟、貨幣經濟到金融經濟的轉型與異化過程 [J]. 學術研究, 2002, 6.

[109] 戴德錚, 舒先林. 石油開弓, 一石五鳥——美國的中東石油戰略剖析 [J]. 中國石油企業, 2003 (6).

[110] 崔滿紅. 金融資源理論研究 (一): 金融屬性 [J]. 城市金融, 1999, 4.

[111] 王莉娟. 當代金融壟斷資本主義初探 [J]. 河北學刊, 2011, 5.

[112] 伊藤誠, 拉帕維查斯. 貨幣金融政治經濟學 [M]. 孫剛, 戴淑豔, 譯. 北京: 經濟科學出版社, 2001.

[113] 陳享光, 袁輝. 金融資本的累積與當前國際金融危機 [J]. 中國人民大學學報, 2009, 4.

[114] 張茉楠. 能源金融一體化戰略體系迫在眉睫 [J]. 環境經濟, 2009, 6.

[115] 海平. 石油價格波動的地緣政治分析 [J]. 銀行家, 2008, 9.

[116] 馬小軍, 惠春琳. 美國全球能源戰略控制態勢評估 [J]. 現代國際關係, 2006, 1.

[117] 殷建平, 劉念. 國際石油價格上漲中的美元因素 [J]. 價格月刊, 2008, 10.

[118] 方建春. 中國資源性商品國際市場競爭策略研究——以石油市場為例 [D]. 杭州: 浙江大學, 2007.

[119] 劉鵬. 大宗商品定價權與期貨市場的發展 [D]. 北

京：中國人民銀行金融研究所，2005.

[120] 李生明，王岳平．新國際分工格局下不同類型國家國際分工地位 [J]．國際經貿探索，2010，6.

[121] 華民，劉佳，吳華麗．國際石油價格暴漲急跌的邏輯和中國的應對 [J]．世界經濟與政治論壇，2010，1.

[122] 張抗．從石油峰值論到石油枯竭論 [J]．石油學報，2009，1.

[123] 張震．探析黃金、美元和石油之間的互動關係——基於分量迴歸模型的再探討 [J]．現代經濟探討，2010，11.

[124] 譚克非．世界經濟格局中的石油期貨交易 [J]．中國石化，2004，3.

[125] 任重道．過度金融化產生的道德風險 [J]．上海財經大學學報，2009，5.

[126] 白欽先經濟金融文集 [M]．北京：中國金融出版社，1999.

[127] 周玉晶．石油金融化的效應及策略分析 [D]．大慶：大慶石油學院，2009.

[128] 張廣本，孟需，等．中國石油金融化發展面臨的問題與對策 [J]．石油化工技術經濟，2008，6.

[129] 舒先林．美國中東石油戰略的經濟機制及啟示 [J]．世界經濟與政治論壇，2005，1.

[130] 張紹飛，等．國外石油儲備建設與管理模式比較 [J]．國際石油經濟，2001，7.

[131] 王喜愛．從石油金融屬性看中國石油價格與國際接軌 [J]．經濟經緯，2009，2.

[132] 林伯強．伊朗形勢下重新審視石油戰略儲備 [N]．重慶時報，2012-03-02.

［133］韓彩珍. 貸款換石油——中國尋求海外油源的新探索［J］. 經濟研究導刊, 2010, 13.

［134］馬川. 石油消費國聯盟的現實性［J］. 中國石油石化, 2008, 10.

［135］趙志平, 2010年中國石油和化工行業經濟運行情況及2011年預測［J］. 當代石油石化, 2011, 2.

［136］虞偉榮, 胡海鷗. 石油價格衝擊對美國和中國實際有效匯率的影響［J］. 國際金融研究, 2004, 12.

［137］劉凌. 影響國際油價的金融因素研究［J］. 商業時代, 2009, 29.

［138］甘歡歡, 焦建玲. 石油期貨價格的日曆效應及波動特徵［J］. 合肥工業大學學報（自然科學版）, 2010, 12.

［139］劉興旺. 次貸危機中的石油、美元與黃金［J］. 經濟研究導刊, 2009, 4.

［140］馬登科. 國際石油價格波動的原因探析——兼論石油金融化與中國石油金融體系構建［J］. 金融教學與研究, 2010, 3.

［141］楊葉. 黃金價格與石油價格的聯動分析［J］. 黃金, 2007, 2.

［142］郝弘毅. 后危機時代的石油戰略［M］. 北京: 中國時代經濟出版社, 2009.

［143］袁放建, 許燕紅. 石油市場與黃金市場收益率波動溢出效應研究［J］. 上海金融, 2011, 3.

［144］常軍紅, 正連勝. 石油美元的回流影響及政策建議［J］. 國際石油經濟, 2008, 1.

［145］侯明揚. 石油美元計價機制脆弱性分析——兼論超主權貨幣的國際石油交易計價構想［J］. 價格理論與實踐,

2009, 8.

［146］岳漢景. 大中東計劃背后的石油美元 [J]. 西亞非洲, 2008, 7.

［147］楊力. 試論石油美元體制對美國在中東利益中的作用 [J]. 阿拉伯世界, 2005, 4.

國家圖書館出版品預行編目(CIP)資料

石油金融化：內涵、趨勢與影響研究 / 溫馨 著. -- 第一版.
-- 臺北市：崧博出版：崧燁文化發行, 2018.09

　面 ； 公分

ISBN 978-957-735-479-2(平裝)

1. 石油經濟 2. 金融市場

457.01　　　107015229

書　名：石油金融化：內涵、趨勢與影響研究
作　者：溫馨 著
發行人：黃振庭
出版者：崧博出版事業有限公司
發行者：崧燁文化事業有限公司
E-mail：sonbookservice@gmail.com
粉絲頁　　　　　　　網　址
地　址：台北市中正區重慶南路一段六十一號八樓 815 室
8F.-815, No.61, Sec. 1, Chongqing S. Rd., Zhongzheng Dist., Taipei City 100, Taiwan (R.O.C.)
電　話：(02)2370-3310　傳　真：(02) 2370-3210
總經銷：紅螞蟻圖書有限公司
地　址：台北市內湖區舊宗路二段 121 巷 19 號
電　話：02-2795-3656　傳真：02-2795-4100　網址：
印　刷：京峯彩色印刷有限公司（京峰數位）

　本書版權為西南財經大學出版社所有授權崧博出版事業有限公司獨家發行
　電子書繁體字版。若有其他相關權利及授權需求請與本公司聯繫。

定價：400 元
發行日期：2018 年 9 月第一版
◎ 本書以POD印製發行